한국산업인력공단 출제기준 완전 반영!! 최신판!!

퍼펙트 미용사
메이크업
실기시험문제

동영상 강의 보는 법

1. 포털사이트에서 스마트에듀(www.smartedu24.co.kr)를 검색합니다.
2. 회원가입을 하여 로그인을 합니다.
3. 해당 동영상을 검색하여 0원에 구매한 후 즐겁게 시청합니다.

머리말

미용사 국가 자격증이 각 분야별로 세분화됨에 따라 미용사(메이크업)시험이 2016년 7월 이후부터 시행되었습니다. 뷰티 분야가 성장하여 다양한 분야의 주요 산업이 되어 가는 이 시점에서, 뷰티 전문가로서의 입지를 구축함에 있어 기술 자격의 필요성은 더욱 중요시되고 있습니다. 현장 전문가에서부터 메이크업 관련 업종의 종사자들까지 미용사 자격은 선택이 아닌 필수가 되고 있습니다.

본 교재는 미용사(메이크업) 자격증 실기시험 취득을 위한 노하우 및 수행 과제 전 과정을 동영상과 실습 과정으로 제공하여 국가고시 미용사(메이크업)를 준비하는 수험자들에게 도움이 되고자 하였습니다.

1과제 뷰티 메이크업, 2과제 시대 메이크업, 3과제 캐릭터 메이크업의 시험 출제 과정을 비롯하여 4과제 속눈썹 익스텐션과 미디어 수염까지의 전 과제로 구성되어 있습니다.

시험 전 및 시험 준비 과정에서부터 시작하여 각 과제를 준비하면서 꼭 알아야 할 필수 사항과 시험 현장의 실전 준비 내용 등을 바탕으로 쉽고 자세하게 분석 및 설명하였습니다. 시험 수행 과제에 대해 꼼꼼하고 자세한 설명을 담았으며, 실기 테크닉 과정을 단계별로 알아보면서 이 책을 통해 메이크업 국가고시 시험 취득의 길로 보다 쉽고 빠르게 나아갈 수 있도록 도움이 되었으면 하는 바람입니다.

진정한 메이크업 아티스트의 길을 위해 열정을 가지고 시험 준비를 하는 수험자 여러분을 위한 좋은 길잡이가 되었으면 합니다.

김리나

- 동국대학교 일반대학원 향장예술학 박사
- 건국대학교 디자인대학원 뷰티디자인과 석사
- 현, 영진사이버대학교 겸임조교수
- 현, 국제디지털대학교 뷰티 비즈니스학과 겸임교수
- 현, Stellamarina 코스메틱/casa 대표이사
- 현, GENO성형외과 줄기세포센터(청담) 코스메틱 이사
- (France)Christian Chauveau Make-up School 차석졸업
- (France)Jean-Pierre Fleurimon Makeup School 졸업
- 2004년 국제 분장사자격증(CIDESCO) 취득
- 간호조무사/요양보호사/미용사 국가자격증 & 종합면허 취득
- 경인여자대학교 뷰티스킨케어학과 외래교수

- 남서울대학교 일반대학원 외래교수
- 두원공업대학교 뷰티아트과 겸임교수
- 남서울대학교 뷰티보건과 외래교수
- 여주대학교 뷰티 스타일리스트 전공 강의
- 수원여자대학교 미용예술과 외래교수
- 천안연암대학교 뷰티아트과 강의
- 대구공업대학교 뷰티아트디자인과 강의
- 부천대학교 부동산학과 외래교수
- SBS 방송 뷰티아카데미 분장강사
- MBC 뷰티아카데미(강남) 분장, 코디, 뷰티 일러스트 강사
- 2014년 NCS(국가 직무 능력표준) 메이크업 이론과 실무 담당
- (주)Neon white KOREA 코스메틱 이사
- Salon de neon 에스테틱 원장
- (도고 파라다이스)DIY천연 화장품 만들기 체험관 기획 담당
- 2010년 International Make-up ARTFAIR 대회 MAKE-UP 심사위원
- 2010년 한국미용기능경기 대회 MAKE-UP 심사위원
- (사)메이크업전문가협회 교육이사 및 심사/출제위원
- 서울 컬렉션 F/W 김철웅·홍은주 디자이너 메이크업
- 2013 평창 스페셜 동계올림픽 개막식 분장
- 뮤지컬 '오페라의 유령', '미녀는 괴로워', '헤드윅' 분장
- TONI & GUY (청담본점) 메이크업 근무
- (주)부르주아 코스메틱 근무(프로모션팀)
- 「퍼펙트 미용사 메이크업 필기시험 문제」 크라운출판사
- 「퍼펙트 미용사 메이크업 실기시험 문제」 크라운출판사

이 책의 구성

하나
최신 출제 기준 완벽 반영
- 한국산업인력공단 출제 기준을 완벽 반영하였습니다.
- 각 과제별 심사 내용을 한눈에 볼 수 있습니다.

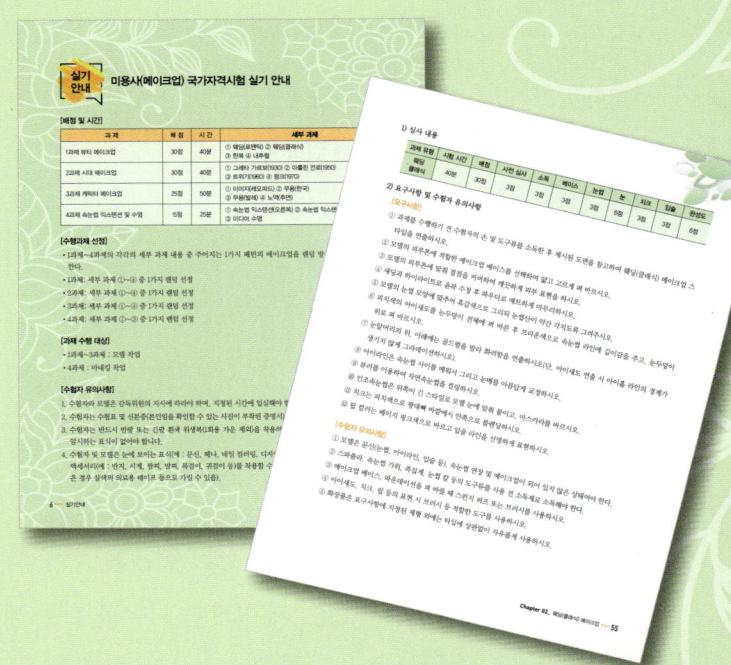

둘
실기시험에 꼭 필요한 팁 수록
- 각 과제별 유용한 팁과 주의 사항을 담아 효율적으로 공부할 수 있습니다.
- 수험자들이 자주 하는 실수를 연구하여 합격으로 가는 길을 알려 줍니다.

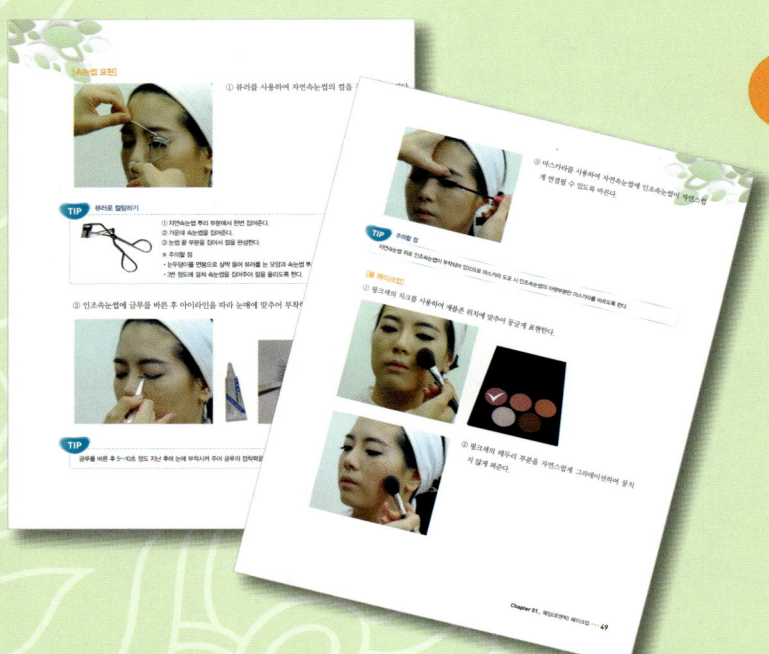

셋
상세한 일러스트와 컬러칩 수록
- 풍부한 컬러 사진에 상세한 일러스트를 넣어 작업 부위를 파악할 수 있습니다.
- 각 단계별 색상을 사진 옆의 컬러칩으로 쉽게 확인할 수 있습니다.

넷
무료동영상 강의 제공
- 저자가 직접 촬영한 전 과제 시연 동영상을 무료로 제공합니다.
- 초보자도 쉽게 따라 할 수 있는 동영상으로 누구나 합격할 수 있습니다.

이 책의 구성 ◀◀◀ 7

미용사(메이크업) 국가자격시험 실기 안내

[배점 및 시간]

과 제	배 점	시 간	세부 과제
1과제 뷰티 메이크업	30점	40분	① 웨딩(로맨틱) ② 웨딩(클래식) ③ 한복 ④ 내추럴
2과제 시대 메이크업	30점	40분	① 그레타 가르보(1930) ② 마릴린 먼로(1950) ③ 트위기(1960) ④ 펑크(1970~1980)
3과제 캐릭터 메이크업	25점	50분	① 이미지(레오파드) ② 무용(한국) ③ 무용(발레) ④ 노인(추면)
4과제 속눈썹 익스텐션 및 수염	15점	25분	① 속눈썹 익스텐션(왼쪽) ② 속눈썹 익스텐션(오른쪽) ③ 미디어 수염

[수행과제 선정]

※ 총 4과제로 시험 당일 각 과제가 랜덤 선정되는 방식으로 아래와 같이 선정

- 1과제 : ①~④ 과제 중 1과제 선정
- 2과제 : ①~④ 과제 중 1과제 선정
- 3과제 : ①~④ 과제 중 1과제 선정
- 4과제 : ①~③ 과제 중 1과제 선정

※ 각 과제 작업 종료 후 다음 과제를 위한 준비 시간이 부여될 예정이며, 1, 2 과제 작업 후 클렌징 및 세안(준비 시간 내) 진행

[과제 수행 대상]

- 1과제~3과제 : 모델 작업
- 4과제 : 마네킹 작업

[수험자 유의 사항]

1. 수험자와 모델은 시험위원의 지시에 따라야 하며, 지정된 시간에 시험장에 입실해야 합니다.
2. 수험자는 수험표 또는 신분증(본임임을 확인할 수 있는 사진이 부착된 증명서)을 지참해야 합니다.
3. 수험자는 반드시 반팔 또는 긴팔 흰색 위생복(1회용 가운 제외)을 착용하여야 하며 복장에 소속을 나타내거나 암시하는 표식이 없어야 합니다.
4. 수험자 및 모델은 눈에 보이는 표식(예 : 네일 컬러링, 디자인 등)이 없어야 하며, 표식이 될 수 있는 액세서리 (예 : 반지, 시계, 팔찌, 발찌, 목걸이, 귀걸이 등)를 착용할 수 없습니다.

5. 수험자 또는 모델은 스톱워치나 핸드폰을 사용할 수 없습니다.
6. 모든 수험자는 함께 대동한 모델에 작업해야 하고 모델을 대동하지 않을 시에는 과제에 응시할 수 없습니다.
    ※ 메이크업 모델의 연령 제한에 따라 대동하는 모델은 본인의 신분증을 지참하여야 합니다.
    ※ 모델 기준 : 만 14세 이상~만 55세 이하(연도 기준)
    ※ 모델은 사전에 메이크업이 되어 있지 않은 상태로 시험에 임하여야 합니다.
    ※ 수험자가 동반한 모델도 신분증을 지참하여야 하며, 공단에서 지정한 신분증을 지참하지 않은 경우, 모델로 시험에 참여가 불가능합니다.
7. 수험자는 시험 중에 관리상 필요한 이동을 제외하고 지정된 자리를 이탈하거나 모델 또는 다른 수험자와 대화할 수 없습니다.
8. 과제별 시험 시작 전 준비 시간에 해당 시험 과제의 모든 준비물을 작업대에 세팅하여야 하며, 시험 중에는 도구 또는 재료를 꺼내는 경우 감점 처리합니다.
9. 지참하는 준비물은 시중에서 판매되는 제품이면 무방하며, 브랜드를 따로 지정하지 않습니다.
10. 지참하는 화장품 등은 외국산, 국산 구별 없이 시중에서 누구나 쉽게 구입할 수 있는 것을 지참(수험자가 평소 사용하던 화장품도 무방함)하도록 합니다.
11. 수험자가 도구 또는 재료에 구별을 위해 표식(스티커 등)을 만들어 붙일 수 없습니다.
12. 수험자는 위생봉투(투명비닐)를 준비하여 쓰레기봉투로 사용할 수 있도록 작업대에 부착합니다.
13. 매 과정별 요구 사항에 여러 가지 형이 있는 경우에는 반드시 시험위원이 지정하는 형을 작업해야 합니다.
14. 매 작업 과정 시술 전에는 준비 작업 시간을 부여하므로 시험위원의 지시에 따라 행동하고, 각종 도구도 잘 정리 정돈한 다음 작업에 임하며, 과제 시작 전 사용에 적합한 상태를 유지하도록 미리 준비(작업대 세팅 및 모델 터 번 착용 등) 합니다.
15. 시험 종료 후 지참한 모든 재료는 가지고 가며, 주변 정리 정돈을 끝내고 퇴실토록 합니다.
16. 제시된 시험 시간 안에 모든 작업과 마무리 및 작업대 정리 등을 끝내야 하며, 시험 시간을 초과하여 작업하는 경우는 해당 과제를 0점 처리합니다.
17. 각 과제별 작업을 위한 모델의 준비가 적합하지 않을 경우 감점 혹은 과제 0점 처리될 수 있습니다.
18. 시험 종료 후 시험위원의 지시에 따라 마네킹에 기 작업된 4과제 작업분을 변형 혹은 제거한 후 퇴실하여야 합니다.
19. 각(1~3)과제 종료 후 다음 과제 준비 시간 전에 본부요원의 지시에 따라 클렌징 제품 및 도구를 사용하여 완성된 과제를 제거하고 다음 과제 작업 준비를 해야 합니다.
20. 작업에 필요한 각종 도구를 바닥에 떨어뜨리는 일이 없도록 하여야 하며, 특히 눈썹칼, 가위 등을 조심성 있게 다루어 안전사고가 발생되지 않도록 주의해야 합니다.
21. 채점 대상 제외 사항
    ① 시험의 전체 과정을 응시하지 않은 경우
    ② 시험 도중 시험장을 무단으로 이탈하는 경우
    ③ 부정한 방법으로 타인의 도움을 받거나 타인의 시험을 방해하는 경우

④ 무단으로 모델을 수험자 간에 교체하는 경우

⑤ 국가기술자격검정 규정에 위배되는 부정행위 등을 하는 경우

⑥ 수험자가 위생복을 착용하지 않은 경우

⑦ 수험자가 유의 사항 내의 모델 조건에 부적합한 경우

⑧ 요구 사항 등의 내용을 사전에 준비해 온 경우(예 : 눈썹을 미리 그려 온 경우, 수염 과제를 미리 해 온 경우, 턱 부위에 밑그림을 그려온 경우, 속눈썹(J컬)을 미리 붙여 온 상태 등)

⑨ 마네킹을 지참하지 않은 경우

22. 시험 응시 제외 사항

① 모델을 데려오지 않은 경우

23. 오작 사항

① 요구된 과제가 아닌 다른 과제를 작업하는 경우 (예 : 웨딩(로맨틱) 메이크업을 웨딩(클래식) 메이크업으로 작업한 경우 등)

② 작업 부위를 바꿔서 작업하는 경우 (예 : 마네킹(속눈썹)의 좌우를 바꿔서 작업하는 경우 등이 해당함)

24. 득점 외 별도 감점 사항

① 수험자의 복장 상태, 모델 및 마네킹의 사전 준비 상태 등 어느 하나라도 미리 준비하거나 사전 준비 작업이 미흡한 경우

② 필요한 기구 및 재료 등을 시험 도중에 꺼내는 경우

③ 문신 및 반영구 메이크업(눈썹, 아이라인, 입술) 및 속눈썹 연장을 한 모델을 대동한 경우

④ 눈썹염색 및 틴트 제품을 사용한 모델을 대동한 경우

25. 미완성 과제

① 4과제 속눈썹 익스텐션 작업 시 최소 40가닥 이상의 속눈썹(J컬)을 연장하지 않은 경우

② 4과제 미디어 수염 작업 시 콧수염과 턱수염 중 어느 하나라도 작업하지 않은 경우

※ 타월류의 경우는 비슷한 크기이면 가능합니다.

※ 아트용 컬러, 물통, 아트용 브러시, 바구니(흰색), 더마왁스, 실러(메이크업 용), 홀더(마네킹) 및 수험자 지참준 비물 중 기타 필요한 재료의 추가 지참은 가능합니다(송풍기, 부채 등은 지참 및 사용 불가).

※ 공개 문제 및 수험자 지참 준비물에 언급된 도구 및 재료 중 기타 실기시험에서 요구한 작업 내용에 영향을 주지 않는 범위 내에서 수험자가 메이크업 미용 작업에 필요하다고 생각되는 재료 및 도구 등은(예 : 아이섀도(크림 · 펄 타입 등)류, 브러시류, 핀셋류 등) 더 추가 지참할 수 있습니다.

※ 소독제를 제외한 주요 화장품을 덜어서 가져오시면 안 되며 정품을 사용해야 합니다.

※ 미용사(메이크업) 실기시험 공개 문제(도면)의 헤어 스타일(업스타일, 흰머리 표현 등 불가) 및 장신구(티아라, 비녀 등 지참 불가), 써클 · 컬러 렌즈(모델착용 불가), 헤어 컬러링 상태 등은 채점 대상이 아니며 대동 모델에게 착용 등이 불가합니다.

※ 수험자의 복장 상태 중 위생복 속 반팔 또는 긴팔 티셔츠가 밖으로 나온 것도 감점사항에 해당됨을 양지 바랍니다.

미용사(메이크업) 세부 과제 유형

■ 제1과제

과제 유형	뷰티 메이크업			
소요 시간	40분			
배점	30점			
세부 과제	① 웨딩(로맨틱)	② 웨딩(클래식)	③ 한복	④ 내추럴

■ 제2과제

과제 유형	시대 메이크업			
소요 시간	40분			
배점	30점			
세부 과제	① 그레타 가르보(1930)	② 마릴린 먼로(1950)	③ 트위기(1960)	④ 펑크(1970~1980)

■ 제3과제

과제 유형	캐릭터 메이크업			
소요 시간	50분			
배점	25점			
세부 과제	① 이미지(레오파드)	② 무용(한국)	③ 무용(발레)	④ 노인(추면)

■ 제4과제

과제 유형	속눈썹 익스텐션 및 수염		
소요 시간	25분		
배점	15점		
세부 과제	① 속눈썹 익스텐션(왼쪽)	② 속눈썹 익스텐션(오른쪽)	③ 미디어 수염

미용사(메이크업) 재료 지참 목록

자격종목			미용사(메이크업)		

일련번호	지참 공구명	규 격	단위	수량	비고
1	모델		명	1	모델기준 참조
2	위생 가운	긴팔 또는 반팔, 흰색	개	1	시술자용 (1회용 가운 불가)
3	눈썹 칼	눈썹 정리용	개	1	메이크업용 미사용품
4	브러시 세트	메이크업용	set	1	
5	어깨보	메이크업용, 흰색	개	1	모델용
6	스펀지 퍼프	메이크업용	개	필요량	메이크업용 미사용품
7	분첩	메이크업용	개	1	메이크업용 미사용품
8	뷰러	메이크업용	개	1	메이크업용
9	타월	40×80cm 내외 정도, 흰색	개	필요량	작업대 세팅용, 세안용
10	소독제	액상 또는 젤	개	1	도구·피부 소독용
11	탈지면 용기		개	1	뚜껑이 있는 용기
12	탈지면(미용솜)		개	필요량	
13	미용티슈		개	필요량	미용용
14	면봉		개	필요량	미용용
15	족집게		개	1	눈썹 관리용
16	터번(헤어밴드)		개	1	흰색
17	아이섀도 팔레트	단품 제품 지참 가능	set	1	메이크업용
18	립 팔레트	단품 제품 지참 가능	set	1	메이크업용
19	메이크업 베이스		개	1	메이크업용
20	페이스 파우더		개	1	메이크업용
21	아이라이너	브라운색, 검정색	개	각 1	타입 제한 없음
22	파운데이션	리퀴드, 크림, 스틱 제형 등 (에어졸 제품 불가)	set	1	하이라이트, 섀도, 베이스 컬러용 등
23	마스카라		개	1	
24	아이브로 펜슬		개	1	

25	인조 속눈썹		set	필요량	
26	위생봉투(투명비닐)		개	1	쓰레기 처리용, 고정용 테이프 포함
27	스패출러		개	1	메이크업용
28	수염(가공된 상태)	검정색	set	1	생사 또는 인조사
29	속눈썹 가위		개	1	눈썹 관리용
30	고정 스프레이 (일반 스프레이)		개	1	수염 관리용
31	수염 접착제(스프리트 검 또는 프로세이드)		개	1	수염 관리용
32	가위		개	1	수염 관리용
33	핀셋		개	1	수염 관리용
34	빗(꼬리빗 또는 마이크로 브러시)		개	1	수염 관리용
35	가제 수건	물에 젖은 상태	개	1	거즈, 물티슈 대용 가능
36	글루	공인인증 기관으로부터 자가번호 부여받은 제품	개	1	공인인증제품
37	글루판		개	1	속눈썹 관리용
38	속눈썹(J컬)	J컬 타입(8, 9, 10, 11, 12mm)	set	필요량	두께 0.15~0.2mm
39	마네킹(5~6mm 인조 속눈썹이 50가닥 이상이 부착된 상태)	얼굴 단면용	개	1	속눈썹 관리 및 수염 관리용 (홀더 추가 지참 가능)
40	핀셋		개	2	속눈썹 관리용
41	아이패치	속눈썹 관리용	개	1	흰색, 테이프 불가
42	우드 스패출러	속눈썹 관리용	개	필요량	속눈썹 관리용 미사용품
43	전처리제	속눈썹 관리용	개	1	속눈썹 관리용
44	속눈썹 빗	속눈썹 관리용	개	1	속눈썹 관리용
45	속눈썹 접착제	공인인증 기관으로부터 자가번호 부여받은 제품	개	1	공인인증제품
46	속눈썹 판		개	1	속눈썹 관리용
47	클렌징 제품 및 도구	클렌징 티슈, 해면, 습포 등	개	필요량	메이크업 제거용
48	메이크업 팔레트 (플레이트 판)		개	1	믹싱용 (파운데이션 및 아이섀도 등)

재료 및 도구 구성

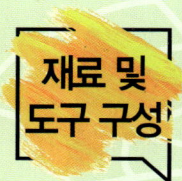

미용사(메이크업) 재료 및 도구 구성

공통 재료

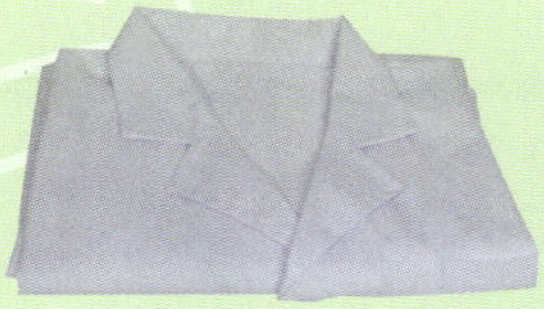
▲ 가운

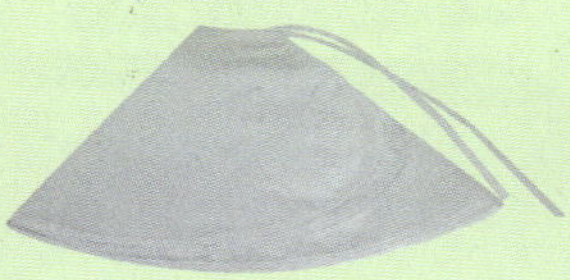
▲ 어깨보

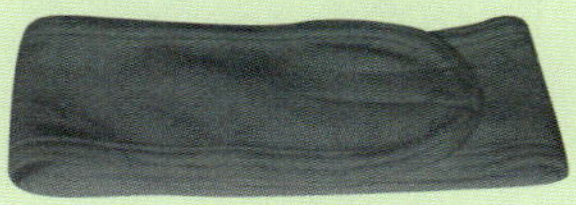
▲ 헤어터번

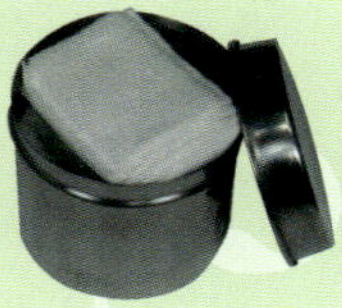
▲ 소독솜통 및 거즈

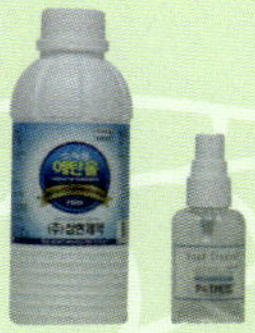
▲ 소독제 및 스프레이 용기

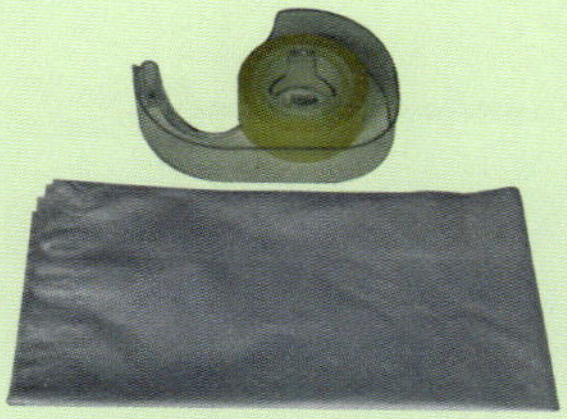
▲ 비닐봉투와 테이프

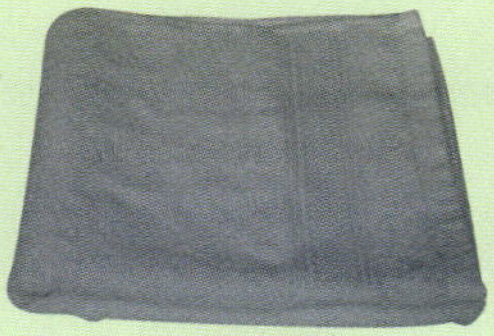
▲ 타월

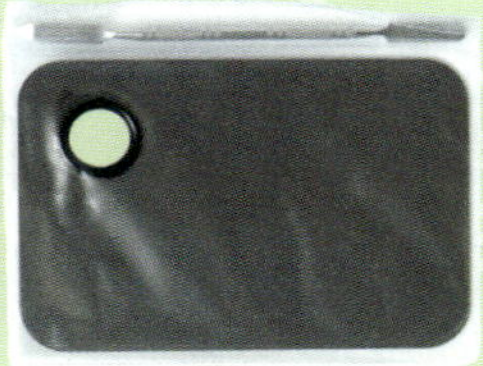
▲ 메이크업 팔레트

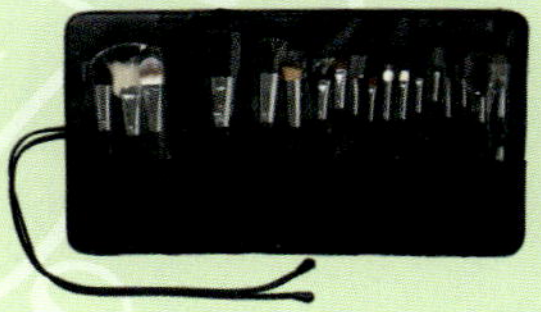
▲ 메이크업 브러시 세트

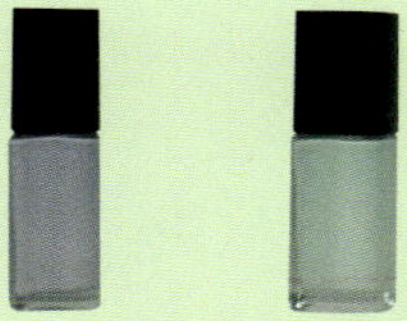
▲ 메이크업 베이스(바이올렛/그린)

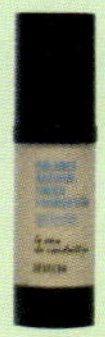
▲ 리퀴드 파운데이션(21호)

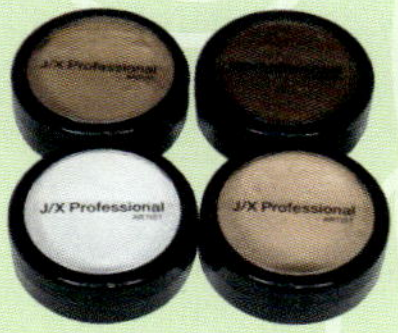

▲ 크림/스틱 파운데이션(하이라이트용/라이트베이지/베이지/섀딩)

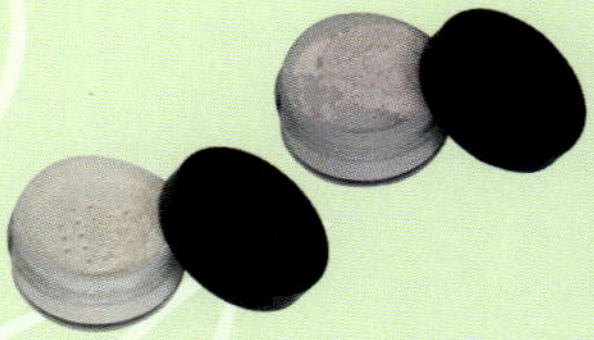
▲ 페이스 파우더(베이지/핑크/투명)

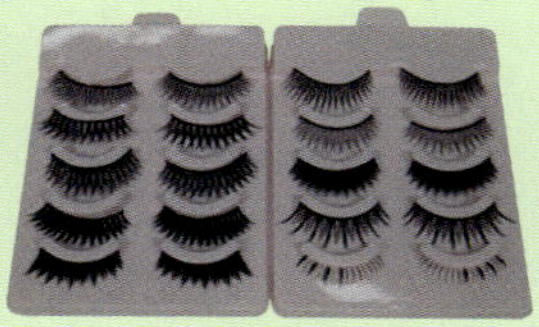
▲ 인조 속눈썹

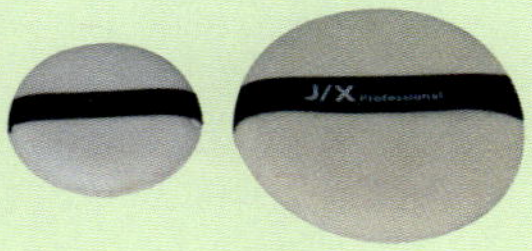
▲ 분첩

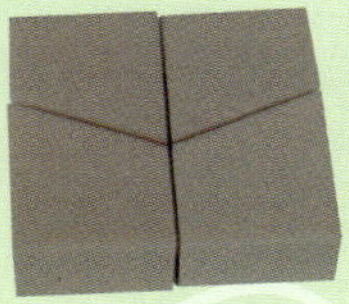
▲ 라텍스 퍼프

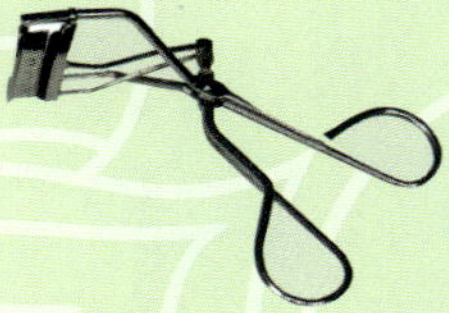
▲ 뷰러

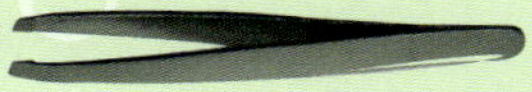
▲ 족집게

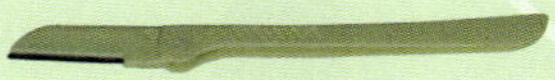
▲ 눈썹칼

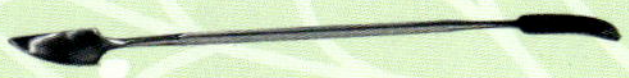
▲ 스패출러

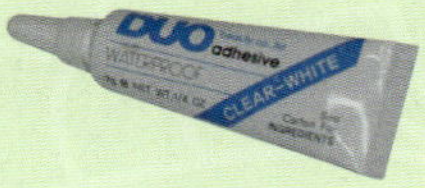

▲ 속눈썹 접착제(인증 글루)  ▲ 아이섀도 팔레트  ▲ 립 팔레트  ▲ 볼터치&더블 컴팩트

▲ 립글로스  ▲ 젤라이너  ▲ 아이라이너  ▲ 아이브로 펜슬

▲ 립라인 펜슬 ▲ 브라운 펜슬  ▲ 마스카라  ▲ 더마왁스

▲ 클렌징 티슈 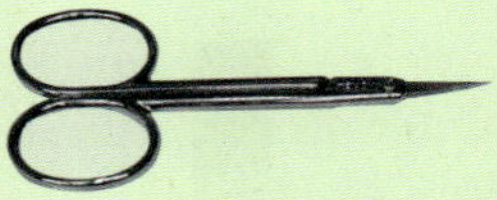 ▲ 눈썹 가위  ▲ 면봉  ▲ 아쿠아 컬러(아트용 물감)

▲ 아트용 브러시  ▲ 물통

속눈썹 익스텐션 재료

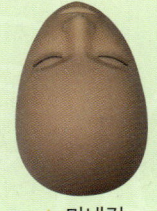
▲ 마네킹

▲ 속눈썹 인증 글루

▲ 전처리제

▲ 리무버

▲ 속눈썹(0.15, J컬) 8, 9, 10, 11, 12mm

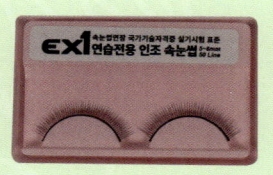
▲ 인조 속눈썹 5~6mm

▲ 글루판

▲ 글루판 패드

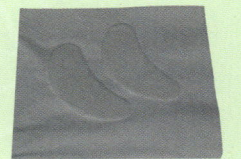
▲ 아이패치

▲ 핀셋(곡선형)

▲ 핀셋(일자형)

▲ 우드 스패출러

▲ 소독제

▲ 소독솜통

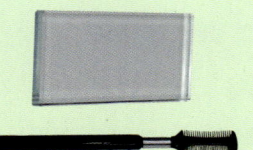
▲ 눈썹빗 / 속눈썹판

▲ 면봉

미디어 수염 재료

▲ 마네킹

▲ 마네킹 홀더

▲ 꼬리빗

▲ 가공 수염

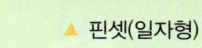
▲ 핀셋(일자형)

▲ 핀셋(곡선형)

▲ 스프리트검

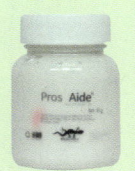
▲ 프로세이드

▲ 리무버

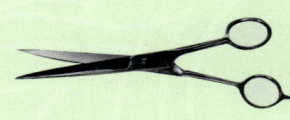
▲ 수염 가위

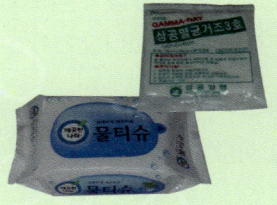
▲ 젖은 거즈 또는 물티슈

▲ 소독제 / 소독솜과 솜통

▲ 고정 스프레이

 ## 미용사(메이크업) 국가고시 실기시험 FAQ

Q1 미용사(메이크업) 실기시험의 과제 구성은 어떻게 됩니까?

A1 미용사(메이크업) 실기시험은 실기시험 관련 안내 사항에 공개된 바와 같이 1과제 「뷰티 메이크업」: ① 웨딩(로맨틱), ② 웨딩(클래식), ③ 한복, ④ 내추럴, 2과제 「시대 메이크업」: ① 그레타 가르보, ② 마릴린 먼로, ③ 트위기, ④ 펑크, 3과제 「캐릭터 메이크업」: ① 레오파드, ② 한국무용, ③ 발레, ④ 노인, 4과제 「속눈썹 익스텐션 및 수염」: ① 속눈썹 익스텐션(왼쪽), ② 속눈썹 익스텐션(오른쪽), ③ 미디어 수염의 4과제로 구성되어 시험이 시행됩니다. 세부 과제로 1과제의 뷰티 메이크업 ①~④ 과제 중 1과제 선정, 2과제의 시대 메이크업 ①~④ 과제 중 1과제 선정, 3과제의 캐릭터 메이크업 ①~④ 과제 중 1과제 선정, 4과제의 ①~③ 과제 중 1과제 선정, 총 4과제로 시험 당일 각 세부 과제가 랜덤 선정되는 방식입니다. 공개 문제 등은 수정 사항이 생기는 경우 새로 등재되므로 정기적으로 확인을 하셔야 합니다.

Q2 과제별 시험 시간은 어떻게 됩니까?

A2 시험 시간은 전체 2시간 35분(순수 작업 시간 기준)이며, 각 과제별 시험 시간은 1과제 40분, 2과제 40분, 3과제 50분, 4과제 25분이고, 각 과제 사이에 10~15분 정도의 준비 시간이 주어집니다.

Q3 과제별 시험 배정은 어떻게 됩니까?

A3 전체 100점으로, 각 과제별 배점은 1과제 30점, 2과제 30점, 3과제 25점, 4과제 15점입니다.

Q4 과제별 작업 대상은 어떻게 됩니까?

A4 각 과제별 대상 부위는 1, 2, 3과제는 모델의 얼굴에, 4과제는 마네킹에 작업을 합니다.

Q5 기존의 민간협회 등의 경우 협회에 따라 메이크업 작업 방법이 다르고, 또 업소나 사람마다 행하는 시술 방법이 다른 것 같은데 어떤 것을 기준으로 하게 되나요?

A5 미용사(메이크업) 종목은 기능사 등급의 시험으로 메이크업 미용사의 업무를 행하기 위한 기본적인 동작과 시술을 보는 것이기 때문에 각 협회나 업소에 따른 특별한 시술법을 요구하지 않습니다. 작업 부위별 숙련도 및 기법, 완성 상태 등을 중점으로 채점하는 것을 기본 방향으로 하고 있습니다.

Q6 모델의 조건은 어떻게 되나요?

A6 모델은 수험자가 대동하고 와야 하며 자신이 데려온 모델은 자신이 작업하게 됩니다. 만 14세 이상~만 55세 이하(년도 기준)로 사전에 메이크업이 되어 있지 않은 상태로 시험에 임하여야 합니다. 또한, 대동하는 모델의 연령제한에 따라 모델은 공단에서 지정한 신분증을 지참해야 합니다.

Q7 수험자의 복장 기준은 어떻게 되나요?

A7 수험자는 반드시 반팔 또는 긴팔 흰색 위생복(일회용 가운 제외)을 착용하여야 하며 복장에 소속을 나타내거나 암시하는 표식이 없어야 합니다. 또한, 위생복 안의 옷이 위생복 밖으로 절대 나오지 않아야 합니다. 눈에 보이는 표식(예 : 네일 컬러링, 디자인 등)이 없어야 하며, 표식이 될 수 있는 액세서리(예 : 반지, 시계, 팔찌, 발찌, 목걸이, 귀걸이 등)를 착용할 수 없습니다.

Q8 모델의 복장 기준은 어떻게 되나요?

A8 모델은 수험자와 마찬가지로 눈에 보이는 표식(예 : 네일 컬러링, 디자인 등)이 없어야 하며, 표식이 될 수 있는 액세서리(예 : 반지, 시계, 팔찌, 발찌, 목걸이, 귀걸이)를 착용할 수 없습니다. 또한, 써클 렌즈나 컬러 렌즈 등의 착용이 불가합니다.

Q9 시험 시작 전 모델의 준비 상태는 어떻게 되나요?

A9 모델은 과제 시작 전 본인의 모발 색상을 가릴 수 있는 흰색의 터번(헤어밴드) 및 착용한 상의 색상을 가릴 수 있는 어깨보를 착용한 상태로 준비합니다.

Q10 수험자나 모델의 손 등에 작은 타투가 있거나 모발을 탈색했을 경우 등에는 시험 응시에 제한이 되나요?

A10 문신, 헤나 등이 있거나 모발을 탈색한 수험자나 모델은 별도의 감점 사항 없이 시험에 응시가 가능합니다. 또한, 모델의 헤어 컬러링 상태가 눈에 띄거나 탈색 모발일 경우, 헤어 터번을 넓은 종류로 선택 착용하여 가린 후 응시하면 됩니다.

Q11 우드 스패출러와 고정 스프레이의 사용 용도는 어떤가요?

A11 우드 스패출러는 4과제 속눈썹 익스텐션 시 전처리제가 눈에 들어가지 않도록 속눈썹을 받치는 용도로 사용하며, 고정 스프레이는 4과제 미디어 수염 시작 후 완성된 수염을 고정하는 용도로 일반 헤어 스프레이도 사용 가능합니다.

Q12 화장품은 어떤 형태로 가져와야 합니까?

A12 화장품은 판매되는 제품으로 가져오면 되고, 사용하던 것도 무방하지만 덜어 오는 것은 안 됩니다. 단, 지참 재료 목록상 팔레트 제품(아이섀도, 립) 및 용기가 언급되어 있는 소독제는 용기에 담겨진 형태로 덜어서 지참이 가능합니다(별도의 라벨링 작업이 불가함).

Q13 시판용 재료나 외국산 재료를 사용해도 되나요?

A13 지참 목록상의 기구 및 화장품은 위생 상태가 양호한 것으로 브랜드를 차별하지 않습니다. 같은 회사의 라인으로 통일시킬 필요도 없으며, 시판용 재료나 외국산 재료 등도 모두 사용 가능합니다. 또한, 성분에 따른 제품의 종류에 특별한 제한을 두진 않습니다.

Q14 소독제는 어떻게 준비하나요?

A14 펌프식 혹은 스프레이식의 용기 등에 알코올 등의 소독제를 넣어 오면 되고 이것은 화장솜 등에 묻혀 화장품, 기구 혹은 손 등의 소독 시에 사용됩니다. 그리고 스프레이식을 사용하여 소독하는 것에 대한 감점 등의 사항은 없습니다.

Q15 타월은 제시된 규격대로만 준비해야 합니까?

A15 지참 재료 목록상의 40×80cm 내외는 시험장 작업대의 크기(폭 45cm×길이 120cm×높이 74cm 이상)를 고려한 사이즈로 타월의 사이즈가 더 클 경우 본인의 작업에 불편을 초래할 수도 있으므로 공지된 규격에 맞추어 준비해 오기를 권장하며, 필요 시 타월 2장 이상을 겹쳐서 작업대에 세팅하여도 됩니다.

Q16 탈지면 용기의 재질 및 색상은 어떤 것이어야 하나요?

A16 탈지면 용기는 뚜껑이 있는 것으로 재질은 금속, 플라스틱, 유리 모두 허용되므로 본인이 사용하기에 편리한 재질로 준비하면 됩니다.

Q17 기타 자신이 가지고 오고 싶은 도구를 가져오는 것은 가능한가요?

A17 공개 문제 및 수험자 지참 준비물에 언급된 도구 및 재료 중 기타 실기시험에서 요구한 작업 내용에 영향을 주지 않는 범위 내에서 수험자가 메이크업 작업에 필요하다고 생각되는 재료 및 도구 등[예 : 아이섀도(크림·펄 타입 등)류, 브러시류, 핀셋류 등)]는 추가로 지참할 수 있습니다[단, 공개 문제 및 수험자 지참 준비물에 언급된 재료 및 도구 이외에 작업의 결과에 영향을 줄 수 있는

제 3의 도구(브러시 수납 벨트, 앞치마 등) 및 재료의 지참은 불가합니다]. 또한, 더마 왁스, 실러, 아쿠아 컬러의 경우 필요 시 추가로 지참하여 사용 가능합니다.

Q18 4과제에 사용하는 마네킹은 어떻게 준비해야 하나요?

A18 지참 재료 목록상 1개로 공지된 마네킹은 시중의 속눈썹 연장 시 사용되는 눈을 감은 마네킹에 속눈썹 익스텐션 및 미디어 수염 등의 작업을 모두 하는 것이 가능하며, 필요한 경우 속눈썹 연장 시 사용하는 눈을 감은 마네킹과 수염 마네킹을 각 1개씩 지참하는 것도 가능합니다. 또한 시중에 판매되고 있는 얼굴 1면에 속눈썹 연장과 수염 관리를 함께 작업할 수 있는 마네킹도 허용 가능합니다. 다만, 지참하는 마네킹은 사전에 5~6mm 정도의 인조 속눈썹이 50가닥 이상 부착된 상태로 준비해야 합니다.

Q19 일회용품 등은 어떻게 사용하고 폐기하나요?

A19 눈썹칼, 스펀지 퍼프, 분첩 등은 1과제 시 새 것으로 지참하여 다음 과제 시 계속 사용 가능하며, 우드 스패출러, 면봉, 탈지면(미용솜) 등은 새 것으로 지참하여 사용 후 폐기합니다.

Q20 아이섀도 팔레트 및 립 팔레트는 반드시 팔레트 형태로만 지참해야 하나요?

A20 아이섀도 팔레트 및 립 팔레트는 팔레트 형태가 아닌 단품류의 제품도 사용 가능하며, 색상 및 수량 등은 본인의 필요에 따라 제한 없이 추가 지참하면 됩니다.

Q21 스틱 파운데이션이나 컨실러 등을 추가 지참해도 되나요?

A21 페이스 파우더, 메이크업 베이스, 파운데이션 등은 본인의 색상 및 제형, 수량 등의 제한 없이 본인의 필요에 따라 추가 지참 가능하며, 파운데이션류인 스틱 파운데이션 및 컨실러 등도 추가 지참 가능합니다. 단, 에어졸 타입으로 분사하여 사용하는 파운데이션류는 사용이 불가합니다.

Q22 4과제 미디어 수염 과제 시 수염 및 수염 접착제 등은 어떻게 준비해야 하나요?

A22 수염은 검정색의 생사 또는 인조사를 작업하기에 적합하게 사전에 가공하여 시험 시간 내에 마네킹에 붙이면 됩니다. 수염 접착제는 스프릿 검이나 프로세이드를 사용해야 합니다.

Q23 4과제 속눈썹 익스텐션 과제 시 연장할 속눈썹 및 글루, 속눈썹을 붙일 때 사용하는 속눈썹 접착제 등은 어떻게 준비해야 하나요?

A23 속눈썹은 J컬 타입으로 8, 9, 10, 11, 12mm를 모두 지참하되 마네킹에 사전에 붙여 온 인조 속눈썹과 속눈썹(J컬)을 1:1로 연장하여 완성된 속눈썹(J컬) 개수가 40개 이상이 되도록 작업합니다. 글루 및 속눈썹 접착제는 화학 물질 등록 및 평가에 관한 법률에 근거하여 유해 우려 물질로 분류되어 그 인증 절차가 조정되었으므로 반드시 국가 공인 인증 기관으로부터 자가검사번호를 부여받은 제품을 사용해야 합니다.

Q24 각 과제별 작업 시 시간을 확인하고 싶은데 스톱워치 등의 추가 지참이 가능한가요?

A24 스톱워치나 손목시계 등은 공지된 바와 같이 지참이 불가능하며, 작업 시간은 검정장 안에 있는 벽시계를 보고 확인하기 바랍니다. 또한 검정장의 본부요원 등이 시험 당일 시험 종료 5~10분 전 등을 미리 안내합니다.

Q25 기존 민간자격검정과 같이 제품에 라벨링을 해도 되나요?

A25 수험자가 도구 또는 재료에 구별을 위해 표식(스티커 등)을 만들어 붙일 수 없으므로 재료에 상표 이외에 별도로 라벨링을 하는 것은 표식으로 간주되어 채점 시 불이익이 있으므로 삼가기를 바랍니다.

Q26 1과제부터 4과제의 전체 재료를 한 번에 세팅하고 작업해도 되나요?

A26 전체 재료를 한꺼번에 세팅하면 작업대가 비좁아 과제 수행이 어렵습니다. 과제별 재료의 세팅은 시험 시작 전 각 과제를 과제별로 본인이 미리 세팅한 후 각 과제 시마다 세팅된 재료를 사용하면 되며, 각 과제 시 중복 사용되는 재료(소독제, 미용티슈, 분첩 등)는 1과제 세팅된 부분을 연속적으로 사용 가능합니다.

Q27 준비 시간 내에 대동 모델의 메이크업 제거를 어떻게 해야 하나요?

A27 1, 2과제 종료 후 각 과제 준비 시간 전에 본부요원의 지시에 따라 클렌징 제품 및 도구를 사용하여 완성된 과제를 제거하고 다음 과제의 작업 준비를 해야 합니다. 3과제 종료 후에는 4과제 준비 시간 전에 본부요원의 지시에 따라 클렌징 제품 및 도구를 사용하여 완성된 과제를 변형 혹은 제거하고 4과제 작업 준비를 해야 합니다. 준비 시간은 15분 내외로 주어지며, 클렌징 티슈 및 클렌징 로션 등의 클렌징 제품으로 신속히 작업분을 제거한 후 사전에 준비해 온 해면, 습포 등을 병

행 사용 가능하며, 메이크업 제거 후 대동 모델이 사용할 스킨 토너, 영양 크림 등의 기초화장품은 수험자가 추가로 지참하여 시간 내에 사용한 후 다음 과제를 준비하면 됩니다.

Q28 공개 문제 요구 사항의 내용 순서대로 작업해야 하나요?

A28 공개 문제 요구 사항의 내용은 작업 시 요구되는 내용을 명시한 것으로, 수험자의 메이크업 테크닉에 따라 시술 방법에 차이가 있으므로 작업 순서와는 무관합니다. 단, 피부 표현 전에 아이 메이크업을 한다든지 상식적으로 어긋난 작업 시 숙련도 등에서 낮은 득점이 됨을 참고 바랍니다.

Q29 작업 시 팔레트(플레이트 판) 대신 손등을 활용하거나, 브러시 대신 손가락 등을 사용해도 되나요?

A29 메이크업 시 팔레트 이외에 손등을 활용하거나 브러시 이외의 손가락 등의 사용이 가능하나 기본적으로 팔레트에서 믹싱을 하는 것이 기본이며, 브러시나 퍼프 사용 등도 숙련도 평가 대상이 므로 손등이나 손가락만을 이용하여 작업하는 것은 지양해야 합니다. 또한 작업 시 새끼손가락 등 에 퍼프를 끼우는 등의 방식은 테크닉적인 측면에서의 별도 제한은 없으므로 허용이 됩니다.

Q30 앉아서 작업해도 되나요?

A30 기본적으로 시험장에 수험자용과 모델용의 의자가 구비되어 있으므로 모델은 의자에 앉은 상태로 작업을 하고, 수험자는 메이크업 테크닉에 따라 앉거나 서서 작업할 수 있습니다.

Q31 작업 시 출혈이 발생하면 어떻게 해야 하나요?

A31 작업 시 출혈이 있는 경우 소독된 탈지면으로 소독한 후 작업하셔야 합니다.

Q32 공개 문제의 일러스트 도면 외에 모델에게 작업한 사진을 공개해 줄 수는 없나요?

A32 사진 모델의 이미지에 따라 제시된 이미지가 달라질 수 있으며 각 과제당 한 모델을 지정하 여 작업하는 방식은 과거 전문 모델의 동의를 얻어 기 공개된 미용사(피부)의 사전 메이크업 예시 사진과는 달리 과제 전체를 공개해야 하며, 개인정보가 강화된 현재의 상황에서 해당 시험 문제의 공개 도면을 모델 시술 사진으로 대체하는 사항은 개인의 초상권 침해 및 예산 등의 사항으로 적용 이 어려운 부분임을 널리 양해 바랍니다.

Q33 공개 문제에 사용되는 컬러와 기법 등을 지정 및 명시해 줄 수 없나요?

A33 미용사(메이크업) 종목은 기능사 등급의 시험이므로 아트적인 측면에서 접근하는 방식이 아닌 메이크업 미용사의 업무를 행하기 위한 기본적인 동작과 시술을 보는 데 중점을 두고 있습니다. 공개 문제에서 요구한 컬러의 경우 정확하게 일치하지 않더라도 비슷한 유사 계통의 색상을 사용해도 무방하며, 제시한 요구 사항 및 도면과 최대한 유사한 이미지의 메이크업을 완성하시면 됩니다. 또한 공개 문제에서 요구 및 제시하지 않은 사항은 작업 시 특별한 제한을 두지 않은 사항임을 참고하기 바라며 수험자의 메이크업 테크닉 및 사용 제품 등에 제한을 둘 수 없으므로 특정한 컬러와 기법 등을 지정하는 것은 불가능합니다.

Q34 속눈썹 익스텐션 작업 시 연장할 속눈썹(J컬)을 이마, 손등 등에 올려놓고 사용해도 되나요?

A34 속눈썹 익스텐션 작업 시 연장할 속눈썹(J컬)은 신체 부위에 올려놓고 사용하면 안 되며, 수험자 지참 준비물에 추가된 속눈썹 판에 올려놓고 작업해야 합니다.

Q35 미디어 수염 작업 시 가위를 사용해도 되나요?

A35 마네킹에 수염 작업 시 가위 사용은 가능하며, 마네킹에 사전 가공된 상태의 수염을 붙인 후 가위를 사용하여 수염의 길이와 모양을 다듬는 용도 등으로 사용하시면 됩니다.

Q36 문신 및 반영구 메이크업 이외에 눈썹염색, 속눈썹 연장을 한 경우 대동 모델 조건으로 가능한가요?

A36 사전에 대동 모델의 눈썹정리 등은 가능하며, 문신 및 반영구 메이크업, 눈썹 퍼머, 눈썹염색 및 틴트 제품 등을 사용해 온 경우 모델 대동은 가능하나, 감점 사항에 해당됩니다.

Q37 속눈썹 익스텐션 시 사용하고 난 나무 스패출러는 어떻게 처리하나요?

A37 속눈썹 익스텐션 시 전처리제가 눈에 들어가지 않도록 속눈썹 아래에 받치는 용도 등으로 사용되는 나무 스패출러는 사용 후 폐기하시면 됩니다.

목차

머리말 · 03

프로필 · 04

이 책의 구성 · 06

Point 1 미용사(메이크업) 국가자격시험 실기 안내 · 08

Point 2 미용사(메이크업) 세부 과제 유형 · 11

Point 3 미용사(메이크업) 재료 지참 목록 · 13

Point 4 미용사(메이크업) 재료 및 도구 구성 · 15

Point 5 미용사(메이크업) 국가고시 실기시험 FAQ · 18

Part 01 메이크업 위생 관리 및 응대 서비스

Chapter 01 메이크업 재료 · 도구 및 위생 관리 · 30

    1 메이크업 위생 관리
    2 메이크업 재료 · 도구 위생 관리
    3 메이크업 작업자 위생 관리

Chapter 02 메이크업 카운슬링 및 고객 서비스 · 34

    1 메이크업 카운슬링
       – 얼굴 특성 파악
       – 메이크업 디자인 제안

    2 메이크업 고객 서비스
       – 방문 고객 응대
       – 전화 상담 고객 응대
       – 불만 고객 응대

Part 02　메이크업 화장품

Chapter 01　메이크업 화장품 · 40

1. 기초화장품 선택
   - 기초화장품 사용

2. 베이스 메이크업
   - 피부 표현 메이크업
   - 얼굴 윤곽 수정

3. 색조 메이크업
   - 아이브로우 메이크업
   - 아이 메이크업
   - 립&치크 메이크업

4. 속눈썹 연출
   - 인조 속눈썹 디자인
   - 인조 속눈썹 작업

5. 속눈썹 연장
   - 속눈썹 연장
   - 속눈썹 리터치

Part 03　메이크업 디자인

Chapter 01　메이크업 디자인 · 60

1. 본식 웨딩 메이크업
   - 신랑 신부 본식 메이크업
   - 혼주 메이크업

2. 미디어 캐릭터 메이크업
   - 미디어 캐릭터 기획
   - 볼드캡 캐릭터 표현
   - 연령별 캐릭터 표현
   - 상처 메이크업

3 트렌드 메이크업
- 트렌드 조사
- 트렌드 메이크업
- 시대별 메이크업

Part 04 과제별 메이크업 실기시험

제1과제 뷰티 메이크업 · **74**
1 웨딩(로맨틱) 메이크업
2 웨딩(클래식) 메이크업
3 한복 메이크업
4 내추럴 메이크업

제2과제 시대 메이크업 · **128**
1 그레타 가르보 메이크업
2 마릴린 먼로 메이크업
3 트위기 메이크업
4 펑크 메이크업

제3과제 캐릭터 메이크업 · **187**
1 레오파드 메이크업
2 한국 무용 메이크업
3 발레 무용 메이크업
4 노인(추면) 메이크업

제4과제 속눈썹 익스텐션 및 미디어 수염 · **242**
1 속눈썹 익스텐션
2 미디어 수염

특별 부록

과제별 핵심 키포인트 정리 · **270** memo

Part 1

메이크업 위생 관리 및 응대 서비스

CHAPTER 01 · 메이크업 위생 관리
CHAPTER 02 · 메이크업 카운슬링 및 고객 서비스

CHAPTER 01 메이크업 재료 · 도구 및 위생 관리

01 메이크업 위생 관리

메이크업 미용기구 및 도구는 종류 · 재질 및 용도에 따라 구체적인 위생 및 소독 기준 및 방법은 보건복지부 장관이 정하여 고시한다. 손을 청결하게 하여 작업자로 하여금 고객이나 모델에게 병원균의 전파를 방지하여야 한다. 메이크업 작업 시 손 소독을 시작으로 하여 도구의 청결과 위생 상태를 갖춘 후 시술을 행하도록 하여야 하며 사용하는 도구는 1회 사용을 기준으로 후처리에도 각별히 신경을 써야 한다.

① 사용 전 메이크업 도구 및 제품의 알코올 소독을 한다.
② 메이크업 퍼프 및 라텍스 스펀지 등은 1인 1회 사용 후 재사용하지 않도록 한다.
③ 메이크업 제품은 항시 청결한 상태를 유지하도록 한다.
④ 작업자는 단정하고 청결한 상태로 작업에 임해야 한다.
⑤ 시술 시 바닥에 떨어진 도구는 재사용하지 않도록 한다.
⑥ 사용한 티슈, 면봉, 라텍스 퍼프 등은 바로 버려 주어 주변을 청결히 유지하도록 한다.

02 메이크업 재료 · 도구 위생 관리

1. 위생 관리

메이크업 시술 전 사용할 도구는 소독 상태를 갖추고 정돈된 상태를 유지하도록 한다. 메이크업 제품을 세팅할 때 흰 타월을 깔고 제품을 세팅하며, 제품 사용에 알맞은 동선을 고려하여 정리하는 것이 좋다. 액체 타입 제품 사용 시 사용량만큼 덜어서 사용하도록 하며 립 및 베이스 제품 사용 시 감염병 예방을 막기 위해 도구 소독 후 팔레트와 스패출러를 알코올 소독 후 제품을 덜어 사용한다. 브러시와 같이 일회성 도구가 아닌 제품 등은 사용 후 소독 및 클렌징 세척 후 재사용하도록 한다.

① 소독기, 자외선 살균기 등 미용기구를 소독하는 장비를 갖추어야 한다.
② 고객에게 사용된 모든 도구들은 살균한다.
③ 실내 소독은 석탄산수, 크레졸수, 포르말린수를 사용한다.
④ 금속 제품은 자비 소독, 알코올로 소독 후 사용한다.

2. 메이크업 도구 관리

- 브러시 : 미온수 세척 후 그늘에 눕혀서 건조
- 스펀지, 퍼프 : 중성세제로 세척한 후 건조, 자외선 소독기 사용
- 유리 제품 : 건열 멸균기 사용
- 자외선 소독기, 에어 브러시 : 알코올 소독 → 알코올을 뿌려 물기가 마른 거즈나 깨끗한 수건으로 닦아 줌
- 라텍스, 스펀지, 분첩 : 비누 세척 → 비누를 묻혀 가볍게 누르며 세척해 주며 헹굼 → 수건을 덮어 살짝 눌러 물기를 제거하여 통풍이 잘 되는 곳에서 말림
- 스패츌러, 눈썹 칼, 팔레트, 족집게, 눈썹 가위, 뷰러 : 알코올 소독, 자외선 소독기 → 티슈로 먼저 닦아 준 후 알코올을 묻힌 솜으로 닦아 줌 → 자외선 소독기와 병행하며 관리함
- 메이크업 브러시 : 알코올, 비누(샴푸), 클렌징크림, 전용 클렌저 → 립 브러시와 같은 리퀴드 제품용 브러시는 클렌징크림 또는 로션으로 1차 클렌징한 후 세척함 → 마른 수건에 물기를 제거한 후 그늘에 뉘어 말림
- 타월 : 1회용 또는 소독 후 사용
- 가운 : 일광 소독 또는 세탁
- 가위 : 70% 에탄올 사용하며 고압 증기 소독 시 수건으로 싸서 소독

3. 소독하기

① 손 소독 : 소독제를 소독솜에 뿌려 양손의 손바닥과 손등, 손가락 사이를 꼼꼼하게 닦은 후 사용한 소독솜은 위생 봉투에 버린다.
② 도구 소독 : 팔레트, 족집게, 눈썹 칼, 스패츌러, 눈썹 가위와 같은 철제 도구 등은 소독제로 소독한다.

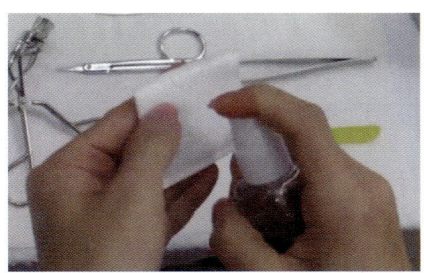  

03 메이크업 작업자 위생 관리

1. 작업자의 위생 관리

① 감염성 질병이 있을 경우 작업을 제한한다.
② 손을 청결히 하여 병원균의 전하를 방지한다.
③ 작업 시 머리카락이 흘러내리거나 호흡에 의해 고객이 불쾌하지 않도록 적당한 거리를 유지하고 작업 상태를 청결히 한다.

2. 실내 환경 및 위생 소독

- 냉수와 온수 시설을 갖추고 화장실은 일회용 종이 수건, 펌프식 물비누, 소독제를 갖추고 휴지통은 뚜껑이 있는 것을 설치한다.
- 소독한 기구와 소독을 하지 아니 한 기구를 분리하여 보관하고, 일회용품은 손님 1인에 한하여 사용한다.
- 실내에 환풍기를 설치하고, 공기를 자주 환기시킨다.
- 모든 전기 제품은 6개월마다 안전 점검을 한다.
- 고객용 가운과 유니폼은 청결하게 보관한다.

3. 사전 심사

1) 재료 준비 사항

① 본 과제에 필요한 재료 목록에 알맞게 모두 준비되어 있는가?
② 본 과제에 불필요한 도구 및 재료가 세팅되어 있지 않는가?
③ 작업대 위에 재료 및 도구들이 위생적으로 잘 정리되어 있는가?
④ 사전에 미리 작업을 해 오거나 재료나 도구 등에 구별을 위한 표식이 있지는 않는가?

2) 수험자 및 모델의 복장

① 수험자와 모델이 각 규정에 맞는 복장을 올바르게 착용하고 있는가?
② 수험자와 모델이 규정에 맞지 않는 액세서리 등을 착용하고 있지 않는가?
③ 수험자와 모델이 시험 전 사전 준비 상태가 올바르게 되어 있는가?

TIP 모델의 복장

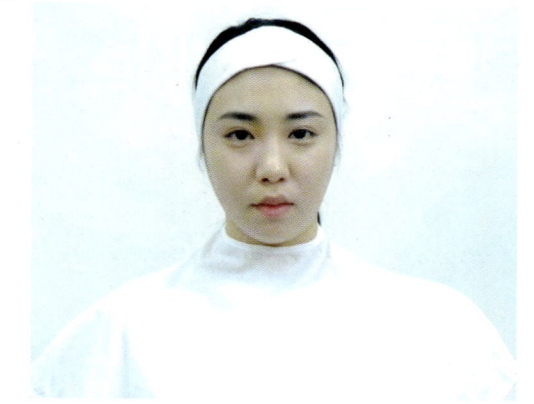

- 사전 메이크업, 뷰러 사용을 금한다.
- 헤어 염색이 되어 있는 경우 헤어 터번으로 모발 컬러를 가리도록 하며, 긴 머리의 경우 잔머리가 나오지 않게 단정하게 머리끈(고무줄)을 사용하여 묶는다.
- 모델의 상의는 희색티를 입도록 하며 특정 브랜드 표식이나 문양이 없는 것을 사용하며 어깨보를 시험 준비 시간에 착용하고 대기한다.
- 액세서리 착용 불가 및 문신이 있는 경우 살색 테이프로 가리는 것이 좋다.

▲ 모델 복장

TIP 수험자의 복장

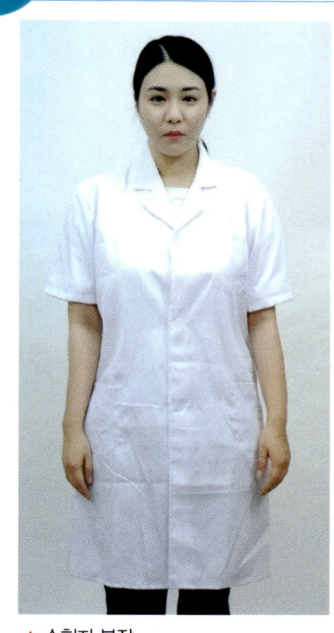

- 긴팔과 반팔의 위생 가운을 착용하며 이때 속에 입는 옷은 흰색을 입도록 한다.
- 반팔일 경우 옷 밖으로 속의 옷이 나오지 않도록 하며 특정 업체명 또는 로고 등의 표기가 없도록 한다.
- 하의 복장은 대체적으로 자율이나, 너무 눈에 띄는 의상 또는 신발은 피하는 것이 좋다.

▲ 수험자 복장

CHAPTER 02 메이크업 카운슬링 및 고객 서비스

01 메이크업 카운슬링

1 얼굴 특성 파악

1. 고객 분석

고객 디자인 계획에 앞서 스타일 분석 및 고객의 피부 상태와 시술 목적을 시진·문진 등을 통해 파악하여 메이크업을 계획한다. 고객의 피부색, 조직, 피부 분비 상태 및 스타일을 분석할 수 있으며, 수집된 정보를 토대로 종합적으로 고객에게 전달하며 디자인 계획을 세운다.

> **TIP 시진과 문진**
> 시진 : 시술자가 직접 눈으로 보는 관점에서 고객의 진단
> 문진 : 상담을 통해 고객에게 직접 듣고 진단

메이크업 시술 시 모델의 얼굴형과 생김새, 얼굴의 비례, 눈의 모양과 크기, 골격과 근육의 움직임 등을 파악하여 사전에 디자인에 대한 전체적인 계획을 세우도록 한다. 일반적으로 얼굴은 타원형, 둥근형, 사각형, 역삼각형, 삼각형, 다이아몬형, 긴형으로 나뉘며 가장 이상적인 얼굴형은 타원형(계란형)이며, 가로 분할(3등분)과 세로 분할(5등분)의 얼굴 비율을 통해 이상적인 얼굴형의 기준을 세울 수 있다.

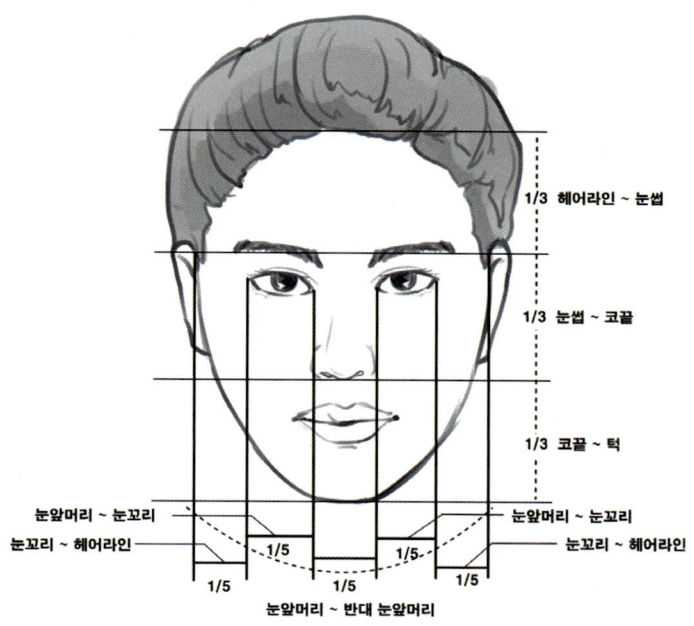

> **TIP** 이상적인 얼굴이란?
> 근육이나 앞면 골격이 모나지 않고 도드라지지 않으며 계란형으로, 얼굴형의 기준이 된다.

2 메이크업 디자인 제안

메이크업 디자인에 있어 이상적인 얼굴 연출을 위한 디자인의 핵심은 장점을 부각시키고 단점을 보완하는 것이다. 하지만 고객이나 모델의 피부 상태, 고객(모델)의 연령, 취향 등을 고려하지 않을 수 없으며, 헤어스타일, 의상, 장소, 시간대, 메이크업의 목적 등 T.P.O를 고려하여 스타일을 제안하도록 해야 한다.

1. 디자인 제안 시 고려 사항

① 고객의 나이 : 연령에 맞는 스타일을 제안하고 이미지를 제안한다.

② 메이크업 목적 : 고객의 메이크업 의도를 파악하여 디자인을 계획한다.

③ 고객의 성향 및 이미지 분석 : 고객이 선호하는 이미지를 정확히 파악하여 만족도를 높여 주어 고객의 취향을 고려한다.

④ 얼굴형 분석 : 얼굴 형태에 알맞은 스타일을 제시한다.

⑤ 피부 톤 : 밝은 톤, 중간 톤, 어두운 톤으로 나누어 피부 톤에 맞는 색상을 선택한다.
⑥ 피부 타입 분석 : 건성, 지성, 복합성 등 피부의 타입별로 알맞은 제품을 선택하여 시술한다.
⑦ 눈 모양 분석 : 눈의 형태를 파악하여 올라간 눈, 처진 눈, 작은 눈 등 고객의 눈 모양을 파악하여 수정 · 보완하는 디자인을 제시한다.
⑧ 헤어 컬러 : 헤어 스타일 및 헤어 컬러에 따른 메이크업의 색상과 눈썹 컬러 등을 고려한다.
⑨ 의상 컬러 및 스타일 : 의상의 컬러에 어울리는 색상을 제시하여 고객의 스타일에 맞게 디자인 계획한다.
⑩ 기타 고객 요구 사항 : 고객의 요구 사항을 꼼꼼히 체크하여 디자인 시술에 반영한다.

2. 디자인 계획의 순서

① 고객 상담(시술 목적 및 고객 요구 사항 파악)
② 시진 · 문진을 통한 고객의 피부색, 조직, 피지 분비 상태, 스타일 분석
③ 고객 성향 및 이미지 파악
④ 고객의 나이, 얼굴형, 피부 상태 점검
⑤ 1차 디자인 이미지 고객에게 제시 및 상담
⑥ 수정된 디자인 계획에 맞는 제품 준비(기초화장품, 색조 화장품)

3. 고객 카드 작성

① 고객 응대 시 고객 신상 및 고객 정보를 위한 카드를 작성함
② 신규 고객의 경우 고객 카드를 작성하며 방문 시 시술 내역 및 특이 사항 등을 기록함
③ 고객의 피부 상태 및 얼굴형 등을 파악하고 기록하여 재방문 시 자료를 활용함
④ 고객 성함, 연락처, 주소, 시술일 등을 카드에 기입함

> **TIP** T.P.O란?
> T : Time(시간) – 고객의 상담을 통해 시간대를 파악하여 알맞은 메이크업을 연출함
> P : Place(장소) – 장소에 맞는 메이크업을 이미지를 파악하여 고객에게 제안함
> O : Occasion(상황) – 시술 목적을 파악하여 상황에 알맞은 메이크업을 제안함

02 메이크업 고객 서비스

1 방문 고객 응대

1. 고객 응대의 방법

- 기본 예절을 갖추어야 한다.
- 고객의 의복, 물품 보관 관리 시 타인의 물품과 섞이지 않도록 분리하여 보관한다.
- 고객과의 의사소통 능력이 있어야 한다.
- 고객 심리 상태를 이해할 수 있어야 한다.
- 고객 상담을 통해 고객의 메이크업 목적과 요구 사항을 파악하여야 한다.
- 친절한 서비스 정신을 갖추도록 한다.
- 상담 시, 고객의 스타일 분석에 대한 충분한 지식을 전달하고 신뢰감을 줄 수 있도록 한다.
- 손은 항상 청결을 유지한다.
- 복장은 단정하고 위협감을 주지 않도록 한다.
- 구취 등 몸에서 냄새가 나지 않도록 항상 청결하게 유지한다.
- 대기 또는 작업 지연이 생긴 상황에는 고객에게 불편함이 없도록 유의한다.
- 작업 내용이나 요금을 안내한 후 정산하도록 한다.

2 전화 상담 고객 응대

1. 전화 상대 고객 응대 방법

- 고객의 의도와 목적을 잘 파악할 수 있도록 해야 한다.
- 예약 시간 및 시술자에 대한 정보 파악을 사전에 하여 고객 예약 응대 및 시술자 전보 전달이 지연되거나 불편함이 없도록 한다.
- 친절한 말투와 목소리 톤을 밝게 전화 상담을 한다.
- 시술 시간이나 시술 계획 등을 고객에게 잘 전달될 수 있도록 한다.
- 방문 예정 전에 문자나 전화로 정보 전달이 잘 되었는지 확인한다.
- 고객 정보에 대한 리스트를 작성하여 고객 스타일에 대한 사전 지식을 통하여 전화 상담 시에도 신뢰감을 줄 수 있도록 한다.
- 전화 상담 및 온라인 시스템 이용 고객에게 예약 서비스를 할 수 있다.

3 불만 고객 응대

1. 불만 고객 응대 방법

- 고객의 정보에 관한 내용과 불만 사항에 대한 정보를 숙지 후 응대한다.
- 고객에게 불쾌감을 주지 않도록 차분하고 상냥한 목소리로 응대한다.
- 고객의 불만 사항을 신속히 해결될 수 있도록 노력하는 모습을 보여준다.
- 고객의 불만족 사유를 적극적인 자세로 경청한다.

Part 2
메이크업 화장품

CHAPTER 01 • 메이크업 화장품

CHAPTER 01 메이크업 화장품

01 기초화장품 선택

기초화장품은 피부 청결과 피부 보호기능을 위해 도움을 주는 역할을 담당한다. 피부의 노폐물 제거 및 메이크업 잔여물을 제거하고 청결한 피부를 유지할 수 있도록 도와주며, 피부의 유·수분 공급과 영양 물질의 공급 등으로 피부가 건조해지는 것을 예방하고 피부결을 정돈하여 준다.

화장품 제형의 수분 함유량 및 점도에 따라 화장수류, 로션류, 크림류로 나뉘며, 화장품의 기능에 따라 세안 제품, 피부 정돈 제품, 피부 보호와 영양 공급 제품으로 구분된다.

구 분	화장품의 종류 및 기능
세안용 화장품	비누/클렌징 폼 – 계면 활성제형 씻어 내는 타입 클렌징 로션/클렌징 워터/클렌징크림, 오일 – 용제형 녹여 내는 타입 딥 클렌징(스크럽/고마지/효소) – 모공 속 노폐물 제거
화장수	아스트리젠트(수렴 화장수) – 피지 억제 효과, 모공 수축, 피부 정돈 스킨(유연 화장수) – 수분 공급, 피부 정돈, 보습 효과
에센스/로션/크림	에센스(고농축 세럼) – 진정,수분 및 영양 공급, 미백 로션(에멀션) – 영양 물질 전달 및 유·수분 공급 및 피부 보호 크림(데이/나이트 크림/영양 크림/수분 크림/마사지 크림/미백 크림/선크림 등) – 점도가 높고 다량의 유분, 보습제가 배합됨
팩(Pack)	필 오프 타입 – 물리적으로 필름막을 제거하는 타입 워시 오프 타입 – 도포 후 적당한 시간 후에 씻어 내는 타입 시트 타입 – 시트지나 부직포 등이 팩제를 머금은 상태로 얼굴 위에 올려놓고 일정 시간 후 제거하는 타입

1 기초화장품 사용

클렌징 → 세안 → 피부 정돈 → 영양 공급 순으로 기초 메이크업의 단계를 표현하며 피부 타입 및 각 제품의 특성 및 기능을 올바르게 파악하여 사용하도록 한다.

1. 기초 메이크업의 단계

1) 클렌징

- 피부 유형에 맞는 클렌징 제품을 선택한다.
- 아이 메이크업 제거 및 입술 메이크업의 잔여물을 깨끗이 제거할 수 있도록 포인트 메이크업 전용 리무버를 먼저 사용한 후 2차 클렌징을 하도록 한다.
- 피부 예민도나 각질의 상태, 자극 등을 고려하여 부드럽게 클렌징한다.

> **TIP 클렌징의 단계**
> - 1차 클렌징 : 눈과 입술의 색조 화장을 포인트 메이크업 전용 리무버로 제거한다.
> - 2차 클렌징 : 피부 유형에 따른 클렌징 제품을 선택하여 얼굴 전체와 목, 데콜데 부분에 클렌징한다.
> - 3차 클렌징 : 코튼 솜을 이용하여 화장수를 묻혀 얼굴 전체를 가볍게 닦아 주듯이 피부 정돈을 한다.

2) 세안

따뜻한 미온수를 사용하여 가볍게 세안하며 너무 뜨거운 물 세안은 모공 확장 및 늘어짐 등을 촉진시킬 수 있으므로 삼가는 것이 좋다. 계면 활성제형 세안제를 이용하여 피부 표면에 각질과 피지 등을 유화시켜 오염 물질을 씻어 낸다.

3) 피부 정돈

세안 후 피부에 수분을 공급하고 유연하게 해 주는 역할을 하며 피붓결을 정돈하는 단계를 말하며 피부 타입이나 계절, 피부 상태에 따라 유연 화장수 또는 수렴 화장수를 선택하여 사용하도록 한다.

4) 영양 공급

에센스, 로션, 크림과 같은 제품을 통해 피부에 유분과 수분을 적절하게 공급하고 피부 균형을 유지하도록 한다. 피부에 유익한 성분들을 피부 타입에 맞게 선택하여 수분 증발을 막고 피부를 보호할 수 있도록 사용하는 것이 좋다.

2. 피부 상태에 따른 특성

피부 타입	특성
건성 피부	수분 부족과 유분 부족으로 수분 증발로 인한 건조함에 의해 피부 땅김이 있음
지성 피부	모공이 넓고 피지 분비량이 많으며 피부 번들거림이 있음
복합성 피부	건성과 지성 피부의 혼합 타입으로 부위별 맞춤 관리가 필요함
민감성 피부	조직이 얇고 자극에 민감하며, 염증 유발이 쉽고 화장품 부작용을 일으키기 쉬운 타입 향, 색소 등 화장품 성분에 따른 자극에 유의해야 함

02 베이스 메이크업

1 피부 표현 메이크업

뷰티 메이크업(Beauty Make-up)은 얼굴에 미(美)를 표현하는 것으로, 얼굴의 단점을 보완하며 장점을 부각시켜 자신만이 가진 개성과 아름다움을 연출하는 것이다. 일반적으로 내추럴 메이크업, 데일리 메이크업, 웨딩 메이크업, 한복 메이크업, 포토 메이크업 등을 말한다. T.P.O와 목적에 따라 다양한 종류의 메이크업으로 분류된다. 뷰티 메이크업 표현을 위해서는 메이크업 제품, 도구 등이 필요하며 각 도구와 제품의 특성에 따른 사용 방법 등을 숙지한 후 피부 타입과 이미지에 어울리는 베이스 표현과 눈썹, 눈, 볼, 입술 등 각각의 부위에 알맞은 메이크업 기법으로 메이크업을 표현할 수 있다.

1. 메이크업 베이스(Make-up Base)

1) 메이크업 베이스의 특징

피부 메이크업에 첫 단계로 피부 톤과 피부 질감을 표현하는 단계이다. 색조 메이크업의 시작 단계로서 중요한 역할을 한다. 메이크업 베이스는 피부 톤을 보정하고 파운데이션의 밀착력과 지속력을 높이는 역할을 한다. 수분 함유량이 많은 수분 메이크업 베이스, 컬러에 따라 피부 톤을 보정해 주는 컬러 메이크업 베이스, 피부의 요철을 메워 주는 프라이머 제품, 미세한 펄이 함유되어 피부에 광택을 주는 펄 메이크업 베이스 등이 있다.

2) 메이크업 베이스의 컬러 및 효과

컬 러	효 과
화이트	어둡고 칙칙한 피부 톤을 화사하고 밝게 표현
연핑크	혈색이 없고 창백한 피부 톤을 밝고 화사하게 표현
그 린	붉은 피부나 잡티가 많고 울긋불긋한 피부 톤 보정
바이올렛	노란 피부의 피부 톤 보정
오렌지	혈색을 주거나 건강한 피부로 표현
베이지	자연스러운 피부 톤 표현

3) 메이크업 베이스의 사용

모델의 피부 타입과 톤에 따라 알맞은 색의 베이스를 선택하도록 하며, 피부 톤에 따라 한 가지 이상의 컬러를 부위에 맞게 사용할 수 있다. 베이스 양을 조절해서 얇게 바르도록 하며, 피부가 건조한 모델은 기초 제품으로 보습을 충분히 한 상태에서 베이스를 바르는 것이 좋다.

4) 메이크업 베이스 표현 방법

- 피부 톤에 알맞은 베이스를 선택한다.
- 스패츌러로 제품을 팔레트에 덜어 낸다.
- 라텍스 스펀지 또는 베이스 브러시를 사용한다.
- 얼굴의 넓은 면부터 시작하여 안쪽에서 바깥 방향으로 얇게 바른다.
- 헤어 라인 또는 목 경계 라인 등에 제품이 뭉치거나 두껍게 발리지 않도록 주의한다.

> **TIP 시험 시 현장 키포인트**
> 베이스를 바르기 위해 **사용된 스펀지 퍼프**는 단계가 끝난 즉시 바로 투명 비닐로 버려야 하며 테이블에 두거나 **재사용하지 않도록 한다.**

2. 파운데이션(Foundation)

1) 파운데이션의 특징

파운데이션은 피부색을 보완·조절하고 피부 잡티 등 결점을 커버하여 피부가 깨끗하게 보이도록 하며, 외부로부터 피부를 보호한다. 피부색에 따른 기본 컬러의 파운데이션, 1~2톤 밝은 파운데이션으로 하이라이트 존(T-zone, 눈 아래, 인중, 턱 중앙)을 표현하는 하이라이트 파운데이션, 1~2톤 정도 어두운색의 파운데이션으로 페이스 라인이나 볼 바깥 부분에 음영을 주는 섀딩 파운데이션으로 얼굴을 입체감 있게 표현한다. 파운데이션의 제형에 따라 리퀴드, 크림, 스틱, 파우더 파운데이션 및 팬케이크 타입 등이 있으며, 피부를 자연스럽고 얇게 커버할 때는 리퀴드 파운데이션을 사용하고 커버력이 필요한 경우는 크림이나 스틱 파운데이션을 사용한다.

2) 파운데이션의 선택 요령

리퀴드 파운데이션	• 내추럴 메이크업 또는 자연스럽고 가벼운 화장에 사용 • 커버력이 약하므로 컨실러를 따로 사용하거나 피부가 깨끗한 모델에게 사용하는 것이 용이함
크림/스틱 파운데이션	• 커버력을 요구하는 메이크업에 사용 • 분장 및 무대 메이크업 시 사용

3) 파운데이션의 사용

파운데이션을 바를 때는 브러시나 스펀지를 사용해 펴 바르며 밀착력을 높일 때는 두드려서 바른다. 파운데이션은 얼굴 안쪽에서 바깥쪽으로 펴 발라 넓은 부위부터 좁은 부위 순으로 꼼꼼하게 바른다. 또한 얼굴 중앙에서 외곽으로 갈수록 얇게 표현되도록 하고, 페이스 라인에서 색이 경계지지 않도록 주의한다.

4) 파운데이션 표현 방법

- 피부에 알맞은 파운데이션의 색상과 제형을 선택한다.
- 스패츌러로 제품을 팔레트에 덜어 낸다.
- 라텍스 스펀지 또는 베이스 브러시를 사용한다.
- 얼굴의 넓은 면부터 시작하여 안쪽에서 바깥 방향으로 얇게 바른다.
- 눈 주변, 코 주변과 같은 굴곡이 있는 부분은 세밀하고 꼼꼼하게 바르도록 한다.
- 헤어 라인 또는 목 경계 라인 부위에 두껍게 발리거나 색 차이가 심하게 나지 않도록 그러데이션에 주의한다.

> **TIP** 시험 시 현장 키포인트
>
> 파운데이션 컬러는 반드시 브러시 또는 라텍스 퍼프를 사용하여 도포하고, 사용 후 퍼프는 바로 버려 주며 여분의 스펀지 퍼프를 준비하여 재사용하지 않는다. 파운데이션은 반드시 스패츌러를 사용해서 팔레트에 덜어 사용하며 펌프식 용기 파운데이션의 경우에도 팔레트에 덜어 사용한다.

5) 파운데이션 표현 방법

구 분	장 점	단 점
브러시	• 윤기가 있고 균일하게 피부 표현이 가능	• 브러시의 결 자국이 생김
스펀지	• 커버력과 지속력이 뛰어남 • 매트한 피부 표현이 가능	• 파운데이션 소비가 많음
손	• 피부에 밀착이 잘 됨 • 빠르게 메이크업을 할 수 있음	• 흡수는 빠르나 피부 온도에 의해 빨리 지워질 수 있음 • 트러블이 유발될 수 있음

3. 컨실러(Concealer)

1) 컨실러의 특징

피부의 점이나 흉터, 기미 등 파운데이션으로 커버되지 않는 부위를 커버할 때 사용하며 리퀴드, 크림, 스틱, 펜슬 타입이 있다. 리퀴드 타입은 수분감이 많아 주로 하이라이트용으로 넓은 부위에 사용이 용이하고, 점처럼 작은 결점을 커버할 때는 스틱이나 펜슬 타입이 편리하다. 컨실러를 적용할 부위와 색상을 고려하여 파운데이션과의 경계 부분이 자연스럽게 그러데이션 되도록 컨실러 브러시(합성모)를 활용하여 표현한다.

2) 컨실러 표현 방법

- 컨실러를 사용할 부위에 컨실러 브러시를 사용하여 커버한다.
- 피부색과 동일한 색의 컨실러를 사용하여 얼룩이 생기지 않도록 주의한다.
- 사용 부위에 맞는 제형의 컨실러를 사용한다.

4. 파우더(Powder)

1) 파우더의 특징

파우더는 파운데이션의 지속력을 높여 화장이 잘 지워지지 않게 하며 유분감을 제거하고, 눈썹과 블러셔가 잘 발리도록 피부 표면을 매끄럽게 해준다. 파우더는 너무 많은 양을 바를 경우 피부가 건조해지고 피부 주름이 많아 보이며 섀도 표현이 되지 않기 때문에 주의한다. 핑크, 바이올렛, 화이트, 베이지 등의 컬러 파우더가 있으며 피부를 화사하게 표현할 때는 핑크 파우더를 사용하고 일반적으로는 투명 파우더를 사용한다. 파우더 제형에 따라 루스 파우더(Loose Powder, 가루 파우더), 콤팩트 파우더(Compact Powder, 압축 파우더) 등이 있으며 콤팩트형의 밀착력이 더욱 좋고 휴대가 편리하다.

2) 파우더 표현 방법

- 파우더를 바를 때는 분첩이나 파우더 브러시를 사용하여 피부에 바른다.
- 두 개의 분첩을 비벼 파우더의 양을 조절한다.
- 파우더를 바른 후 남은 여분은 팬 브러시로 털어 준다.

2 얼굴 윤곽 수정

1. 얼굴형의 종류 및 특징

① 둥근형 : 광대뼈에서 아래턱까지 둥근 라인으로 볼이 통통한 얼굴형

② 사각형 : 하관이 발달하고 남성적인 이미지의 얼굴형

③ 역삼각형 : 이마가 넓고 하관이 좁은 형태로 차가워 보이거나 날카로워 보이는 얼굴형

④ 삼각형 : 이마가 좁고 하관이 넓은 얼굴형

⑤ 다이아몬드형 : 광대뼈가 도드라져 보이는 얼굴형으로 이마와 턱이 좁으며 강한 인상

⑥ 긴형 : 얼굴이 좁고 이마나 턱이 긴 형으로 코가 긴 편

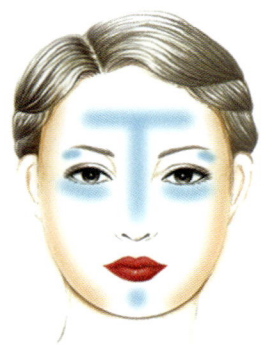
〈둥근형〉

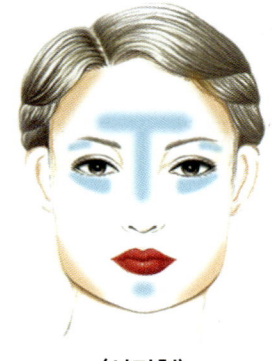
〈사각형〉

〈역삼각형〉

〈삼각형〉

〈다이아몬드형〉

〈긴형〉

03 색조 메이크업

1 아이브로우 메이크업

1. 눈썹 표현

1) 눈썹의 특징

눈썹의 형태와 컬러, 두께 등을 표현함으로써 얼굴 전체의 이미지를 변화시켜줄 수 있다. 눈썹의 진하기에 정도에 따라 부드러운 이미지, 남성적인 이미지, 강렬한 이미지 등의 다양한 이미지 연출이 가능하며 얼굴 전체의 분위기를 좌우하는 역할을 한다. 아이브로우 컬러는 흑색, 회색, 갈색 컬러를 기본으로 서로 섞어서 사용 가능하며 모델의 이미지나 이미지 컨셉에 따라 표현할 수 있다. 눈썹의 앞머리와 눈썹 산, 눈썹꼬리의 위치와 톤의 정도에 따라 각진형, 둥근형, 아치형, 직선형(일자형), 상향형, 하향형 등으로 연출한다.

2. 아이브로우 종류와 이미지

1) 아이브로우의 형태와 종류

- 눈썹머리 : 눈썹의 시작점, 콧방울 끝에서 이마 쪽으로 일직선상의 위치
- 눈썹 산 : 기본 눈썹에서 눈썹 전체 3등분 중 3/2 지점에 위치하며, 눈썹의 가장 높은 위치로 얼굴의 입체감을 좌우한다.
- 눈썹꼬리 : 콧방울에서 눈끝을 45도로 연결하였을 때 만나는 지점

	표준형 눈썹	• 눈썹의 기본형으로 어느 얼굴형에나 무난하게 어울린다. • 발랄하고 귀여운 이미지를 연출한다.
	각진 눈썹	• 둥근형이나 짧은 얼굴형에 어울리며 도시적이고 세련된 이미지를 준다. • 샤프하고 딱딱한 분위기를 준다.
	아치형 눈썹	• 여성스럽고 부드러운 이미지를 준다. • 고전적인 분위기를 연출할 수 있다. • 이마가 넓거나 역삼각형, 다이아몬드 얼굴형에 어울린다.
	직선형 눈썹	• 활동적이고 동안 이미지의 눈썹형이다. • 남성적인 이미지를 준다. • 긴 얼굴이나 폭이 좁은 얼굴형에 어울린다.

	상향형 눈썹	• 날카롭고 강한 이미지를 준다. • 섹시한 이미지와 동양적인 이미지를 준다. • 둥근형의 얼굴형에 어울린다.
	하향형 눈썹	• 온화하고 부드러운 이미지를 준다. • 끝을 많이 내릴 경우 희극적인 이미지가 강해져 어리숙하고 바보스럽게 보일 수 있다.

2) 아이브로우 이미지에 따른 특성

길 이	긴 눈썹	정적이고 성숙하며 여성스러움
	짧은 눈썹	동적이고 귀여워 보이며 젊어 보임
굵 기	굵은 눈썹	활동적이고 남성적이며 젊어 보임
	가는 눈썹	고전적이며 동양적이고 여성스러우나 나이가 들어 보임
색 상	짙은 눈썹	강해 보이고 젊어 보임
	옅은 눈썹	자연스럽고 부드러우며 여성스러움

3) 아이브로우 표현 방법

① 눈썹 모량의 정도나 메이크업 컨셉에 따라 펜슬 타입 또는 섀도 타입 제품을 선택하여 사용한다.
② 눈썹 부분의 베이스 메이크업이나 파우더 처리가 안 되어 있는 상태에서 눈썹을 그릴 경우 밀착력이 떨어지거나 잘 그려지지 않으므로 아이브로우 작업 전 눈썹 부분의 베이스 처리를 먼저 하도록 한다
③ 눈썹 브러시 또는 스크류 브러시를 사용하여 눈썹 모발의 결 정리를 하고, 눈썹 칼과 눈썹 가위로 모발의 길이와 눈썹 정리를 해 준 후 아이브로우 표현을 한다.

4) 얼굴형에 따른 눈썹 이미지

① 둥근형 : 눈썹 산을 강조해 주며 약간 각진 형태로 상승형의 눈썹을 표현한다.
② 사각형 : 각진 형태의 얼굴형을 보완하기 위해 아치형이나 커브를 주어 부드럽게 표현한다.
③ 역삼각형 : 눈썹 산의 위치를 중앙으로 조금 가깝게 그려 주며 아치형으로 부드럽게 표현한다.
④ 마름모형 : 곡선의 형태로 광대가 너무 주목받아 보이지 않도록 눈썹 앞머리에 시선을 분산시킨다.
⑤ 긴형 : 눈썹 산에 약간의 커브를 주며 직선형의 수평 느낌의 형태로 표현한다.

2 아이 메이크업

다양한 색조를 사용하여 이미지에 맞는 색의 연출과 눈매 교정, 입체감의 표현 등을 할 수 있다. 눈의 단점을 보완하고 다양한 이미지를 연출하는 데 중요한 역할을 한다.

1. 아이섀도

1) 아이섀도의 부위별 명칭

- 하이라이트 컬러 : 눈 부분에서 가장 밝은 영역으로 화이트 또는 아이보리 계열을 사용하며, 눈썹뼈 부분이나 돌출되어 보이게 하고자 하는 부분에 사용한다.
- 메인 컬러 : 아이섀도의 전체 분위기를 내며 아이홀이나 포인트 부분을 중심으로 그러데이션 한다.
- 포인트 컬러 : 눈매의 입체감을 표현하기 위해 짙은 색의 강한 색감을 사용하여 강조하여 선명함을 준다.
- 언더 컬러 : 아이라인과 연결되는 눈 끝부분에서 아래 눈꺼풀을 연결하여 준다.

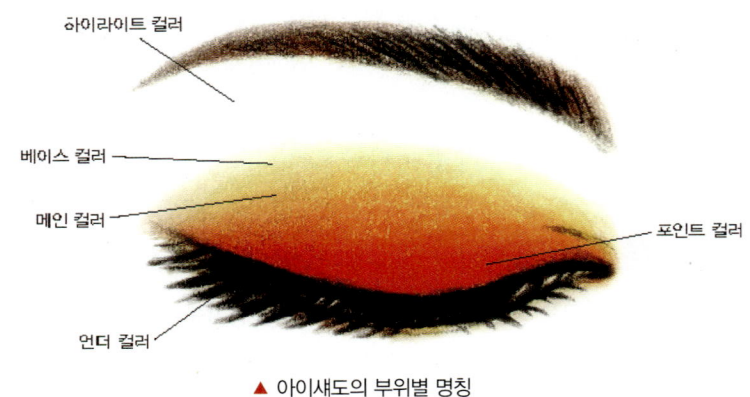

▲ 아이섀도의 부위별 명칭

2) 아이메이크업 표현 방법

① 아이보리색 또는 흰색 아이섀도를 눈 전체에 바른다.
② 아이홀 부위에 전체적으로 섀도브러시로 베이스 컬러를 넓게 바른다.
③ 아이홀 안쪽으로 메인 컬러를 발라 그러데이션 한다(밝은색 → 어두운색의 순서).
④ 포인트 컬러를 바른다.
⑤ 언더 섀도를 바른다.
⑥ 하이라이트를 바르고 마무리한다.

2. 아이라이너

1) 아이라이너의 특징

아이라인을 표현하여 선의 두께와 길이 및 형태에 따라 얼굴의 이미지를 변화시켜 줄 수 있다. 눈 모양의 수정과 선명하고 또렷한 이미지 연출을 위해 사용하고, 흑색이나 암갈색이 일반적이나 블루, 퍼플, 그레이 등 다양한 색이 있다.

2) 아이라이너의 종류

- **펜슬 타입** : 그리기 쉬워 초보자들도 사용이 용이하나 번짐이 있어 유분 처리를 해야 한다. 또한 점막 라인을 또렷하고 진하게 표현할 때 사용하기 용이하다.
- **케이크 타입** : 아이라이너 브러시에 스킨이나 물을 묻혀 농도를 조절하여 사용한다. 광택이 없어서 자연스러운 라인 표현이 가능하나 물에 번짐이 있다.
- **젤 타입** : 유성 성분으로 선명하고 광택이 없다. 부드러워서 쉽게 그러데이션을 할 수 있고 잘 번지지 않는다.
- **리퀴드 타입** : 액상 타입으로 가늘고 섬세하게 브러시로 그려 주는 제품이다. 마른 뒤 잘 번지지 않는다는 장점이 있지만 초보자가 사용하기에는 어렵다는 것이 단점이다.
- **붓펜 타입** : 사인펜과 같은 형태로 리퀴드 타입의 사용하기 어려운 단점을 보완한 제품이다. 사용이 간편하나 두께 조절 시 얇고 세밀한 표현이 어렵다.

3) 아이라인의 표현

섀도 다음 단계로 눈매를 교정하고 또렷하게 해 주는 역할을 한다. 일반적으로는 흑색, 브라운, 그레이 컬러의 색을 사용하며 아이섀도 컬러에 따라 다양한 색 표현도 가능하다.

색 상	특징과 이미지
흑색	• 또렷하고 선명한 눈매 표현이 가능하며 일반 메이크업부터 분장 메이크업까지 다양한 메이크업을 연출한다. • 일반적으로 가장 많이 사용하는 색상이다.
브라운	• 부드러운 눈매를 연출하거나 내추럴 메이크업 표현 시 사용한다. • 브라운 컬러 펜슬을 사용하여 섀도와 함께 사용하면 인위적이지 않은 아이라인 연출이 가능하다.
그레이	• 흑색 컬러의 진한 톤보다는 조금 더 부드러운 눈매 연출이 가능하다.

3. 마스카라

1) 마스카라의 특징

속눈썹을 풍성하며 짙고 길어 보이게 하고, 깊이 있는 눈매로 연출하기 위해 사용한다. 색상은 주로 검은색을 사용하며 상황에 따라 보라, 청색, 갈색 등을 사용하기도 한다. 아이래시 컬러(뷰러)로 속눈썹 컬링 후 마스카라를 바르는 순서이다. 마스카라의 특성에 따라 볼륨 마스카라, 롱래시 마스카라, 워터프루프 마스카라 등이 있다.

2) 마스카라 표현 방법

- 뷰러를 사용하여 자연 속눈썹을 컬링해 준다.
- 자연 속눈썹의 윗부분을 마스카라 솔을 사용하여 먼저 쓸어내린다.
- 자연 속눈썹의 뿌리에서부터 시작하여 위 방향으로 마스카라를 도포한다.
- 눈썹 빗을 사용하여 눈썹에 뭉친 부분을 빗거나 정리하여 준다.

3) 마스카라의 표현

볼륨 마스카라	• 숱이 맡고 진해 보이는 효과 • 브러시의 털이 촘촘하고 굵어서 속눈썹이 풍부하고 눈매가 그윽해 보이는 효과
롱래쉬 마스카라	• 섬유질이 많아 실제보다 속눈썹이 더 길어 보이는 효과
컬링업 마스카라	• 솔이 휘어져 있는 형태 • 부착력과 강도가 뛰어난 마스카라 • 오랜 시간 컬이 유지

투명 마스카라	• 젤 타입 • 눈썹의 영양제 역할 • 자연스러운 메이크업에 어울림
워터프루프 마스카라	• 땀이나 물에 잘 지워지지 않는 타입 • 여름철 수영장에서 사용하면 효과적

> **TIP** 마스카라 표현 방법과 순서
> ① 눈을 아래로 보는 각도로 하여 15도 정도를 향하게 한 후 속눈썹 안쪽에서 바깥쪽 방향으로 올려 준다.
> ② 아래 속눈썹은 브러시의 끝을 세워 바르며 뭉침이 있을 경우 브러시로 빗어 정리한다.

3 립&치크 메이크업

1. 립 메이크업의 표현

입술 형태 보완 및 색상을 부여하며 생기와 윤기, 볼륨감을 준다. 립 메이크업은 아이 메이크업, 피부 톤, 의상 컬러, 헤어 컬러 등와 어울리는 색으로 선택하는 것이 좋으며, 메이크업 컨셉에 따라 다양한 질감 표현과 진함 정도의 조절이 가능하다.

▲ 인커브

▲ 스트레이트커브

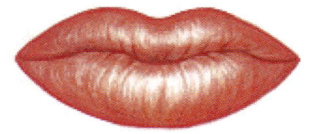
▲ 아웃커브

2. 치크(볼) 메이크업의 표현

1) 치크(볼) 메이크업의 표현

얼굴 윤곽과 골격, 메이크업 콘셉트에 따라 치크 메이크업의 형태 및 위치, 컬러 등을 선정할 수 있으며, 혈색을 부여하고 얼굴 전체에 입체감을 줌으로써 완성도 있는 메이크업을 연출할 수 있다.

〈귀여운 이미지〉

〈지적인 이미지〉

〈활동적인 이미지〉

〈여성스러운 이미지〉

2) 치크(볼) 메이크업의 표현 방법과 순서

　① 얼굴 전체에 있는 유분감을 제거하기 위해 파우더를 발라 준다.

　② 치크의 색을 선택하여 치크용 브러시를 사용하여 방향에 맞게 바른다.

　③ 경계 부분의 연결이 자연스럽게 표현되었는지 주의하여 그러데이션을 한다.

04 속눈썹 연출

1 인조 속눈썹 디자인

눈매를 깊고 그윽하게 만들며 속눈썹이 풍성해 보이는 효과를 주어 눈이 크고 또렷하게 보이도록 한다. 쌍꺼풀이 없는 경우나 속눈썹이 짧은 눈에 깊이감을 준다.

2 인조 속눈썹 작업

1. 인조 속눈썹의 표현 방법

① 뷰러를 사용하여 자연 속눈썹을 컬링한다.
② 인조 속눈썹의 길이와 종류를 선택하여 준비하고 모델의 눈 길이를 파악하여 인조 속눈썹의 길이를 알맞게 조절한다.
③ 속눈썹 전용 글루로 인조 속눈썹의 바른 후 바로 부착하지 않고 30~40초 정도 후에 눈에 부착한다.
④ 눈의 시작점에서부터 중심을 지나 눈꼬리의 위치를 파악하여 알맞은 위치에 부착한다.
⑤ 마스카라를 사용하여 자연 속눈썹과 인조 속눈썹이 자연스럽게 연결되도록 바른다.

TIP 인조 속눈썹 부착 시 유의점

- 모델의 눈 길이에 맞게 인조 속눈썹의 길이가 알맞게 준비되었는지 확인한다.
- 자연 속눈썹 위로 인조 속눈썹이 눈매 라인 위에 부착되도록 한다.
- 인조 속눈썹을 너무 아래 방향으로 붙이거나 자연 속눈썹과의 간격을 너무 띄워 부착하지 않도록 한다.
- 부착 후 눈매에 글루가 잘 고정될 수 있도록 면봉이나 족집게로 인조 속눈썹을 눌러 고정한다.
- 인조 속눈썹을 눈 앞머리 시작점에 너무 바짝 당겨 부착하지 않도록 한다.

05 속눈썹 연장

1 속눈썹 연장

인조 속눈썹을 피부에 부착하는 것이 아닌 속눈썹 가모를 자연 속눈썹 모발에 한 가닥씩 부착하는 방식으로 지속 기간이 대략 2~4주 정도이며 자연스럽고 풍성한 속눈썹 연출이 가능하다. 익스텐션 전용 글루를 사용하며 한번 부착되면 제거가 어려워 전용 리무버를 사용하여야 한다.

1. 속눈썹의 종류

- 길이 : 8, 9, 10, 11, 12, 13
- 굵기 : 0.1mm, 0.15mm, 0.2mm
- 컬의 종류 : 평컬, J컬, JC컬, C컬, CC컬, R컬, L컬(뷰러컬), Y컬, W컬, 언더컬

2. 가모의 종류

- 천연모 : 인조모에 비해 가볍고 자연스럽고 부드러운 눈썹 연출이 가능하다.
- 합성 섬유모 : 합성 섬유 원료의 가모로 진하고 또렷한 눈매 연출과 매끄러운 속눈썹 연출

  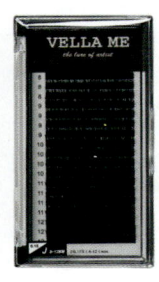 

3. 속눈썹 연장의 재료와 도구

① 전처리제 : 자연 속눈썹의 단백질을 제거할 때 사용한다.

② 글루 : 속눈썹 원모에 가모를 붙이는 접착제로 반드시 KC 인증된 제품으로 사용한다.

③ 눈썹 브러시 : 눈썹을 정리 및 가모 접착 후 빗겨 줄 때 사용한다.

④ 강화제&코팅제 : 글루 강화제로 연장 후 유지력을 높인다.

⑤ 영양제 : 원모손상 방지 또는 원모를 건강하게 유지한다.

⑥ 리무버 : 속눈썹 연장 제거 시 글루를 녹여 제거에 용이하도록 한다.

⑦ 글루판 또는 옥돌 : 글루를 덜어 쓰는 도구

⑧ 핀셋 : 두 개의 핀셋을 이용하여 가모를 잡을 때 사용한다.

⑨ 아크릴판 : 가모를 길이별로 부착하여 사용한다.

⑩ 아이패치 : 눈썹 라인을 따라 눈 밑에 부착하여 사용한다.

⑪ 마이크로 면봉 : 전처리제 및 리무버 사용 시 눈썹에 사용한다.

⑫ 우드 스패출러(우드 스틱) : 전처리제 또는 리무버 사용 시 눈썹 아래에 대고 받쳐 주며 사용한다.

⑬ 송풍기 : 시술 후 글루를 말릴 때 사용한다. (현 국가 고시 메이크업 실기시험 시에는 사용을 금하고 있다.)

2 속눈썹 리터치

1. 속눈썹 리터치

1차 시술 후 1~2주 후 가모의 탈락 현상이 생겨 빈 곳이 생긴 틈을 보수하는 작업으로 속눈썹의 형태와 가모의 틀어짐을 수정하며 가모를 추가적으로 부착하는 2차 시술을 말한다. 가모의 탈락 현상은 사람마다 개인차가 있으며 세안의 방법과 사용 제품, 오일 리무버 사용의 여부, 메이크업 클렌징 시 생기는 가모 탈락 현상 등 물리적인 요인으로 인해 영향을 받는다.

2. 속눈썹 리터치의 방법 및 유의점

① 속눈썹 리터치 시술을 위해 아이 패치를 부착한다.
② 눈을 감은 상태에서 눈썹 빗으로 빗어 보고 가모의 방향이 틀어지거나 어긋나 있는 가모를 리무버를 부분적으로 묻혀 떼어 낸다.
③ 자연 속눈썹에 남아 있는 유분이나 리무버를 지우기 위해 전처리제를 면봉에 묻혀 가볍게 제거하고 빈 공간의 위치와 모발 길이를 파악한다.
④ 속눈썹 위치에 맞는 길이의 가모를 빈 곳에 채워 준다.
⑤ 눈썹 빗으로 모발을 정리하고 영양제 마스카라로 정리 후 마무리한다.

Part 3

메이크업 디자인

CHAPTER 01 · 메이크업 디자인

CHAPTER 01 메이크업 디자인

01 본식 웨딩 메이크업

[결혼식장에 따른 웨딩 메이크업]

구분	특징	화장법
호텔	• 넓고 화려한 인터레어가 돋보임 • 조명이 화려함	• 우아하고 화사한 신부의 이미지를 연출 • 눈매를 또렷하게 표현 • 은은한 펄감이 있는 색조를 사용
예식장	• 결혼을 가장 많이 하는 장소 • 옐로우기가 많은 조명이 설치되어 있어 실내가 밝음	• 혈색을 살릴 수 있는 핑크 계열의 색을 가미하여 시술
교회, 성당	• 웅장하고 엄숙한 분위기 • 조명이 어두움	• 밝고 화사하게 표현해 주되, 단정하고 우아한 신부의 이미지로 연출
야외 예식장	• 자연광으로 인해 밝은 분위기 • 넓은 공간 • 인공 조명이 없음	• 따뜻한 계열의 선명한 색상을 이용하여 신부의 눈매를 더욱 화려하게 연출

1 신랑 신부 본식 메이크업

1. 신랑 메이크업

1) 신랑 메이크업

- 신랑 메이크업 시술 시 얼굴형과 이목구비의 단점을 보완하고 잡티나 흉터 커버를 중심으로 자연스러운 메이크업을 하도록 한다.
- 색조 메이크업은 너무 진하지 않도록 유의한다.
- 얼굴과 목의 컬러가 부자연스럽지 않도록 유의하며 피부 톤은 너무 밝지 않도록 한다.
- 섀딩을 통해 얼굴형과 얼굴 윤곽을 자연스러우면서도 입체감 있게 표현한다.

2) 신랑 메이크업의 방법

① 피부 표현
- 최대한 자연스럽고 본인의 피부색에 비슷하거나 한 톤 정도 어두운 톤의 파운데이션을 사용한다.

② 눈썹 표현
- 눈썹 결을 살려 주며 눈썹 색이 이색지지 않고 어색하지 않고 빈곳을 메워 주도록 한다.

③ 아이메이크업
- 붉은 기가 없는 브라운 계열의 색조를 이용하여 눈매를 자연스럽게 표현한다.

④ 블러셔
- 얼굴형을 따라 윤곽 수정을 해 주듯 자연스러운 브라운 섀딩 컬러를 사용하며 광대뼈 밑, 턱 부분에 넣어 준다.

⑤ 입술
- 진하지 않고 본인의 입술 색에 어울리는 자연스러운 브라운 컬러를 사용하여 가볍게 발라 준다.
- 광택이 과하지 않도록 한다.

2. 신부 메이크업

1) 신부 메이크업
- 시술자는 어떠한 얼굴의 형태라도 신부의 단점을 최대한 보완하고 개성을 살린 메이크업으로 시술할 수 있는 테크닉을 갖추어야 한다.
- 상담을 통하여 패턴, 컬러 등을 선정한다.
- 전문가로서의 지식을 통해 고객이 안심할 수 있도록 한다.
- 웨딩 촬영과 본식 영상 촬영을 고려하여 필름, 조명과의 조화를 고려하여 디자인 계획을 한다.

2) 신부 메이크업의 화장 순서

① 피부 측정하기

② 냉찜질 또는 수분팩 하기

③ 입술 건조를 방지하기 위해 립밤 바르기

④ 스킨 바르기 (유연 화장수/수렴 화장수)

⑤ 로션 및 크림 바르기

⑥ 메이크업 베이스 바르기

⑦ 파운데이션 바르기

⑧ 컨실러 및 잡티 제거

⑨ 얼굴형과 윤곽에 따른 하이라이트 베이스 및 섀딩 베이스 하기

⑩ 파우더 바르기

⑪ 눈썹 그리기

⑫ 아이 섀도 표현하기

⑬ 아이라이너 그리기

⑭ 뷰러 컬링 후 인조 속눈썹 부착하기

⑮ 마스카라로 자연 속눈썹과 인조 속눈썹 부착하기

⑯ 치크(볼) 메이크업하기

⑰ 입술 메이크업하기

⑱ 바디 메이크업하기 → 목, 팔, 어깨 등 색상 보정

3) 신부 메이크업 시 유의 사항

- 베이스 전 신부의 피부 상태를 정확하게 체크해야 한다.
- 건조한 피부나 각질이 있는지 등을 체크하여 본 메이크업 시술 전에 충분히 수분 공급을 하도록 한다.
- 파운데이션은 조금씩 나누어 꼼꼼히 발라 스펀지로 두드려서 피부에 밀착력을 높이고 지속력 있고 화사한 피부가 지속되도록 해야 한다.
- 네크 라인이 깊게 파인 의상의 경우 얼굴과 목의 색을 맞추어야 한다.
- 하이라이트는 촬영 시 밝게 표현하되 본식 웨딩의 경우 자연스럽게 연출한다.

2 혼주 메이크업

1. 혼주(한복) 메이크업

신랑, 신부 부모님의 메이크업으로 대부분 한복 의상에 알맞은 메이크업으로 연출한다. 일반적으로 신랑 측 어머니의 한복은 푸른색 계열, 신부 측 어머니의 한복은 붉은 계열이나 핑크색을 기준으로 하여 메이크업 계획을 세울 수 있다. 한복 메이크업의 특징을 살려 고상하고 깔끔한 이미지를 줄 수 있도록 한다.

2. 혼주(한복) 메이크업의 방법

1) 피부 표현

- 화사하고 자연스러운 이미지로 피부 톤보다 조금 밝은 베이지, 핑크 색상 파운데이션을 선택하여 목과의 경계가 생기지 않도록 꼼꼼히 펴 바른다.

- 하이라이트를 주어 화사함을 더해 준다.

2) 눈썹 표현
- 곡선의 이미지를 살려 브라운이나 다크그레이 색상을 섞어 아치형으로 가늘고 길게 표현한다.
- 눈썹은 깔끔하게 정리하여 지저분해 보이지 않게 표현한다.
- 눈썹을 두껍지 않게 표현한다.

3) 아이섀도
- 한복 의상이 화려하고 강할 경우 아이 메이크업은 최대한 절제하여 자연스럽게 표현한다.
- 저고리의 메인 색상에 맞추며 자수나 문양이 있는 경우 한 가지 톤으로 부드러움을 강조한다.

4) 치크
- 살구, 핑크, 모카 핑크, 코랄 브라운 컬러 등으로 볼을 감싸듯이 부드럽게 터치한다.

5) 입술 표현
- 얼굴 전체 색상과 조화를 이루되 치마 색상이나 저고리 고름 색상에 맞추어 깔끔하고 선명한 곡선 형태로 너무 두껍지 않게 표현한다.
- 펄감보다 매트한 입술 표현을 한 후 소량의 글로우즈로 입술 중앙에 입체감을 표현한다.

02 미디어 캐릭터 메이크업

1 미디어 캐릭터 기획

1. 미디어 영상 메이크업
- 카메라나 브라운관 등 각종 기자재를 통해 작품을 완성하여 시청자에게 전달되어 영상으로 보이는 것을 말한다.
- 시대극, 현대극, 액션, 코믹, 멜로 등의 다양한 분야에서 사용되며 상황에 따라 특수 효과를 가미하거나 특수 분장을 통하여 캐릭터의 표현을 할 수 있다.
- 화면 영상으로 보이는 메이크업이므로 정교하고 세밀한 작업이 필요하다.
- 작품의 의도나 캐릭터의 특성을 표현하기 위해 부가적인 소품을 활용할 수 있다.

2 볼드캡 캐릭터 표현

1. 볼드 캡 캐릭터

대머리(skin head) 분장을 위한 특수 분장으로 사전에 볼드 캡을 제작하여 사용한다. 일반적으로는 글라짠

(Glatzan)이나 라텍스(Latex)를 사용하여 플라스틱 두상 모형에 제작하며 글라짠에 비해 라텍스가 비용적인 면이나 보관 시 수축이나 변형이 되는 단점으로 인해 국내에서는 라텍스를 사용하여 제작하고 있다. 제작된 볼드 캡은 스프리트 검으로 이마나 헤어라인 경계선에 고정하고 피부와 연결하는 방법을 통해 사용한다.

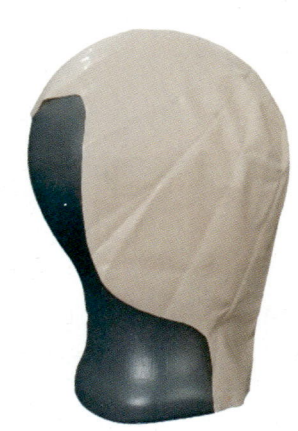

3 연령별 캐릭터 표현

1. 연령별 캐릭터 분장

일반적으로 노화는 피부의 탄력과 잡티와 반점을 통해 표현할 수 있다. 탁해진 피부색이나 주름, 얼굴의 지방 감소와 같은 신체의 변화는 음영을 주어 표현해 낼 수 있다. 연령대별 주름, 피부 탄력의 정도, 피부 톤의 특징 등을 고려하여 골격을 강조하거나 주름을 표현한다.

1) 피부 표현

- 인물의 나이, 인종, 건강 상태, 생활 활동 등을 고려하여 섀딩 파운데이션을 이용하여 골격을 부각시켜 주며 주름을 표현한다.
- 하이라이트와 섀딩을 적절히 사용하여 얼굴의 골격을 강조한다.
- 관자놀이와 볼 옆 부분의 살을 빼 주고 광대를 강조한다.
- 이마, 관자놀이, 아이홀, 눈밑 주름, 팔자 주름, 인중, 콧방울, 볼, 늘어진 턱살을 갈색 펜슬과 섀딩 파운데이션으로 입체감을 표현한다.

2) 색조 표현

- 눈썹은 연령에 맞게 백모를 표현하거나 하향형의 눈썹을 표현할 수 있으며, 입술은 혈색과 광택이 적은 것을 사용한다.

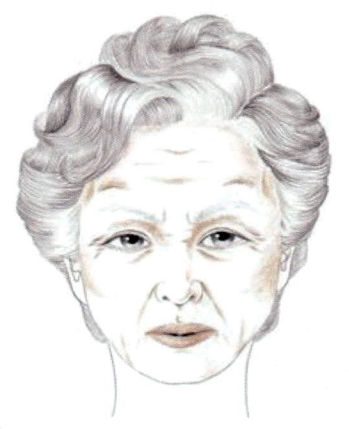 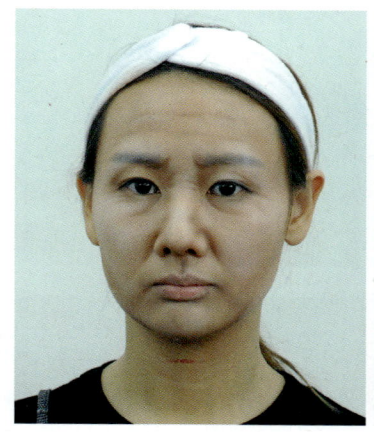 

4 상처 메이크업

1. 상처 메이크업

- 단순 상처, 멍, 뾰루지, 피부병, 칼자국, 동상, 화상 등의 피부 증상을 표현하는 특수 메이크업으로서 특수 재료를 덧붙여 표현하거나 피부와 연장해 표현할 수 있다.
- 상처의 경우 인조 피(묽은 피/굳은 피)를 사용하여 생동감 있는 상황 연출 메이크업이 가능하다.
- 상황이나 시간에 알맞은 상처의 진행 정도나 과정이 중요하므로 상처 발생 시간 설정 및 분장의 정도를 잘 고려하여 디자인 계획을 잡아야 한다.

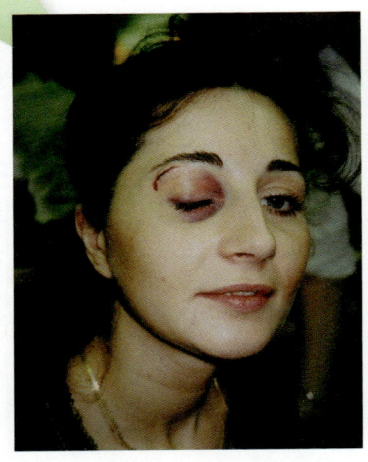 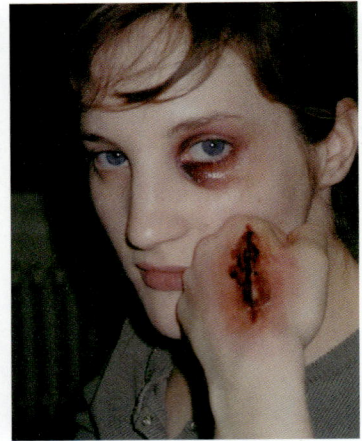 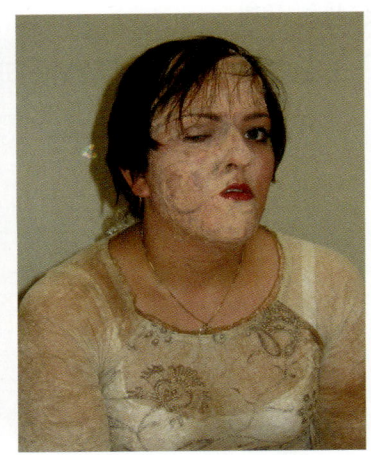

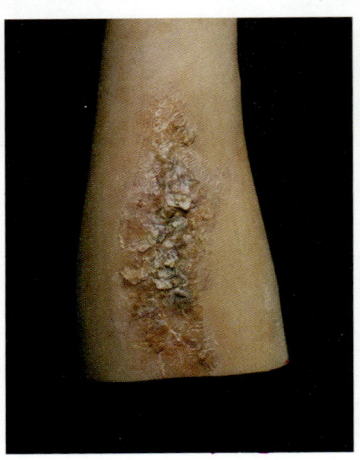 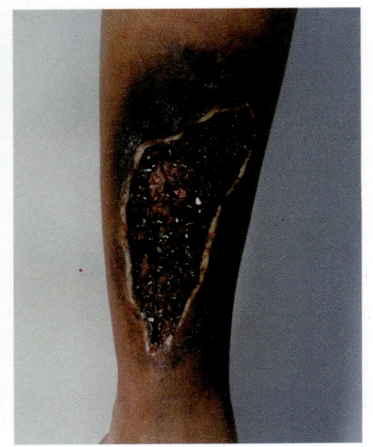

03 트렌드 메이크업

1 트렌드 조사

- 현재 가장 유행하는 메이크업 패션, 사회적 이슈, 문화적 현상에 의해 영향을 받는다.
- 패션 전문가 그룹이나 브랜드, 패션 리더들로 하여금 생겨나 일반인들에게 전파되는 현상에서 생겨난다.
- 패션, 헤어, 컬러, 메이크업, 제품 정보 등의 트렌드로 인해 생겨났다가 사라지고 다시 새로운 트렌드가 생겨나는 방식으로 형성된다.
- 프레타 포르테, 오뜨꾸뛰르, 팬톤 컬러 등을 통해 시즌별 유행 동향과 유행 패턴 스타일들이 시즌별로 생겨난다.

1. 프레따 포르테(Pret-A-Porter)

- 고급 기성복 패션쇼, 'Ready-to-Wear'
- 뉴욕, 런던, 밀라노, 파리 컬렉션이 세계적인 4대 컬렉션. 일본과 서울을 포함하면 6대 컬렉션이다
- 보통 2월에 F/W 컬렉션, 9월에 S/S 컬렉션이 열린다.
- 루이비통, 입센로랑, 지방시, 크리스찬 디올, 샤넬, 베르사체, 프라다, 미소니, 구찌, 돌체 앤 가바나 등의 브랜드가 대표적이다.

2. 오뜨꾸뛰르

- 주문복, 맞춤복, 달인의 경지에 이른 사람들을 표적으로 만들어진다.
- 일반적인 의상이라기보다는 작품성이 뛰어난 의상으로 표현되며 자기 과시와 명예의 상징이다.

3. 팬톤 컬러

컬러를 시스템으로 구조화, 체계화시킨 회사로 시각 디자인 관련 색상 분야에서 많은 영향력을 갖고 있다. 매년 12월에 팬톤에서는 '올해의 컬러'라는 타이틀로 매년 유행될 컬러를 선보인다. 이는 디자인, 패션, 뷰티 분야 등에서 막대한 영향을 끼친다. 오늘날 팬톤 컬러는 약 만 가지 이상의 배색 체계가 갖추어져 있으며, 가장 보편적으로 사용되고 있다.

2 트렌드 메이크업

1. 내추럴
- 자연의, 천연의, 가공하지 않은 등의 의미로 편안한 이미지, 에콜로지(ecology), 프리미티브(primitive) 포함한다.
- 밝고 투명한 피부 표현, 색조는 브라운, 베이지, 코랄 계열

2. 엘레강스
- 불어로 우아한, 기품 있는, 고상함이란 뜻을 지니고 있으며 성숙한 여성의 아름다움을 표현하는 이미지이다.
- 여성미를 부각하기 위해 부드러운 색상을 사용하고 곡선형의 눈썹과 브라운 톤의 눈썹 표현이 좋다.

3. 로맨틱
- 사랑스럽고 귀여운 느낌, 낭만적인 느낌, 부드러운 느낌을 표현하기 위한 색으로 핑크, 옐로우, 그린, 퍼플 계통의 페일 톤을 중심으로 그러데이션 배색을 주면 더욱 효과적이다.

4. 컨트리
- 자연, 교외, 전원이라는 뜻으로 자연을 존중하고 야외에서 건강한 생활을 지향하는 감성을 말한다.
- 피부 표현은 두껍지 않게 자연스러운 톤으로 너무 매트하거나 밝지 않게 표현한다.

5. 에스닉(엑조틱)
- 이국풍, 이국 정서라는 의미로서 낯설고 색다른 멋을 추구하는 이국적인 감성 이미지를 말한다.
- 에스닉풍으로 소박하고 민속적인 이미지이다.

6. 매니쉬
- 남성적인 성향을 강하게 어필하는 이미지로 활동성과 건강미를 포함하고 여성의 자립심이 표현되는 트렌드이며, 댄디(Dandy)와 밀리터리(Military)가 이에 속한다.
- 짙은 브라운 계열의 색으로 눈썹은 굵고 각지거나 직선형으로 표현하여 강한 이미지를 주도록 한다.

7. 액티브

- 활동적, 적극적이라는 뜻으로 '밝고 건강한 이미지'를 추구하는 미의식이다.
- 캐주얼한 이미지로 생동감 있고 건강미를 표현하도록 한다.

8. 모던

- 초현대적이고 미래지향적인 샤프한 이미지를 대표하는 감성이다.
- 차가운 계열의 반짝이는 펄감과 자연스러움을 무시한 기하학적인 감각으로 디자인적 요소를 가지고 있다.

9. 소피스티케이티드

- 세련되고 시원한 느낌의 지적인 커리어 우먼 이미지로 도시적인 감각을 가진 우아한 여성 이미지를 말한다.
- 콘트라스트를 주어 입체감 있고 강하면서도 깔끔한 이미지를 연출한다.

3 시대별 메이크업

1. 1910년대

① 러시아 발레단 공연의 영향으로 오리엔탈풍의 화장이 유행하였다.
② '테다 바라(Theda Bara)', '폴라 네그리(Pola Negri)'의 메이크업과 일자 형태의 검정 톤의 진한 눈썹, 강한 음영과 입체감을 준 아이 메이크업, 얇고 진한 색의 입술 표현이 특징이다.

2. 1920년대

① 가늘고 정교하게 표현된 눈썹에 흰 피부와 큰 눈, 진하고 붉은 입술이 특징이다.
② 대표적 배우로 '클라라 보우', '루이스 브룩스'가 있다.

3. 1930년대

① 헐리우드 영화의 영향으로 여배우의 메이크업이 전성기를 이루는 시기로, 아치형의 가늘고 긴 눈썹과 깊은 음영을 표현한 아이홀 메이크업이 유행하였다.
② 대표적인 배우로 **그레타 가르보**, '마릴린 디트리히'가 있다.

4. 1940년대

① 제2차 세계대전의 영향으로 강한 여성의 이미지와 성적 매력을 강조하는 여성의 이미지가 공존하는 시대이다.

② 두껍고 도톰한 곡선 형태의 눈썹과 선명한 화장, 관능미를 강조한 볼륨 있는 입술 화장이 유행하였다.

5. 1950년대

① 경제 부흥기로 순종적인 여성미와 가정적이고 청순한 여성미를 선호하였다.

② 청순미의 대표적인 배우로는 '오드리 헵번'이 있으며 섹스 심볼의 대표적인 배우에는 **'마릴린 먼로'**가 있다.

③ 두껍고 각진 형태의 눈썹과 눈꼬리가 올라간 눈매, 아웃커브의 도톰한 입술이 유행하였다.

④ 마릴린 먼로의 긴 속눈썹, 아웃커브의 둥글고 광택 있는 빨간 입술, 입가의 애교점이 섹시한 이미지를 대표한다.

6. 1960년대

① 하류 계층의 패션이 유행을 주도하였으며 히피 스타일이 인기를 끌던 시기이다.

② 영국 패션모델인 **'트위기'**의 소녀스럽고 귀여운 화장이 인기를 끌면서 주근깨, 뚜렷한 눈 화장과 파스텔 아이섀도, 장밋빛 볼, 연한 핑크색 입술 등이 유행하였다.

③ 육감적인 이미지를 대표하였던 **'브리짓 바르도'**는 섹시미를 강조하는 대표 인물이다.

7. 1970년대

① 경제 공황의 영향으로 반항적이고 퇴폐적인 이미지의 **펑크**스타일이 유행하였고, 강렬한 비비드 컬러와 블랙 컬러의 메이크업이 인기를 끌었다.

8. 1980년대

① '브룩 쉴즈'의 진하고 두꺼운 눈썹과 붉은색의 입술이 유행하였다.

② '소피 마르소'와 영국 '다이애나 왕세자비'의 자연스럽고 내추럴한 메이크업이 유행하였다.

9. 1990년대

① 환경 오염 문제가 대두되면서 에콜로지에 대한 관심이 높아졌고, 자연스러운 피부 표현에 대한 관심으로 내추럴 메이크업이 유행하였다.

10. 2000년대

① 건강하고 아름다운 피부를 중시하여 순수함을 강조하는 메이크업인 투명 메이크업이 부각되었다.
② 펄 제품이 대중화되었으며 스모키 메이크업, 질감 메이크업 등이 유행하였다.

11. 2010년대

① 피부 질감을 강조한 메이크업
② 물광, 윤광 메이크업 등의 베이스가 포인트가 되는 메이크업

memo

Part 4

과제별 메이크업 실기시험

CHAPTER 01 · 제1과제 : 뷰티 메이크업
CHAPTER 02 · 제2과제 : 시대 메이크업
CHAPTER 03 · 제3과제 : 캐릭터 메이크업
CHAPTER 04 · 제4과제 : 속눈썹 익스텐션 및 미디어 수염

CHAPTER 01 제1과제 : 뷰티 메이크업

01 웨딩(로맨틱) 메이크업

1. 사전 심사

1) 재료 준비 사항

① 본 과제에 필요한 재료 목록에 알맞게 모두 준비되어 있는가?

② 본 과제에 불필요한 도구 및 재료가 세팅되어 있지 않은가?

③ 작업대 위에 재료 및 도구들이 위생적으로 잘 정리되어 있는가?

④ 사전에 미리 작업을 해 오거나 재료나 도구 등에 구별을 위한 표식이 있지는 않는가?

2) 수험자 및 모델의 복장

① 수험자와 모델이 각 규정에 맞는 복장을 올바르게 착용하고 있는가?

② 수험자와 모델이 규정에 맞지 않는 액세서리 등을 착용하고 있지 않은가?

③ 수험자와 모델이 시험 전 사전 준비 상태가 올바르게 되어 있는가?

> **TIP 모델의 복장**
>
>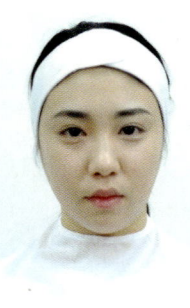
>
> ▲ 모델 복장
>
> - 사전 메이크업, 뷰러 사용을 금한다.
> - 헤어 염색이 되어 있는 경우 헤어 터번으로 모발 컬러를 가리도록 하며, 긴 머리의 경우 잔머리가 나오지 않게 단정하게 머리끈(고무줄)을 사용하여 묶는다.
> - 모델의 상의는 흰색티를 입도록 하며 특정 브랜드 표식이나 문양이 없는 것을 사용하며 어깨보를 시험 준비 시간에 착용하고 대기한다.
> - 액세서리 착용 불가 및 문신이 있는 경우 살색 테이프로 가리는 것이 좋다.

> **TIP** 수험자의 복장
>
>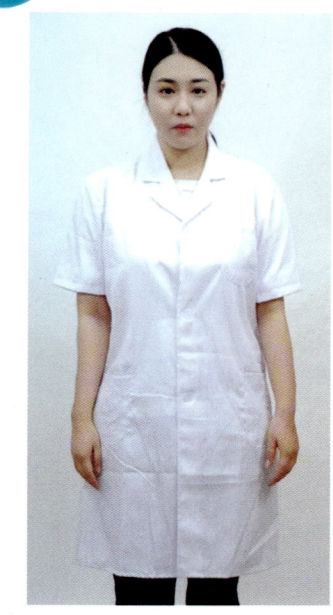
> ▲ 수험자 복장
>
> - 긴팔과 반팔의 위생가운을 착용하며 이때 속에 입는 옷은 흰색을 입도록 한다.
> - 반팔일 경우 옷 밖으로 속의 옷이 나오지 않도록 하며 특정 업체명 또는 로고 등의 표기가 없도록 한다.
> - 하의 복장은 대체적으로는 자율이나 너무 눈에 띄는 의상 또는 신발은 피하자.

2. 본심사

1) 시술 및 숙련도

① 시술 순서를 알맞게 진행하였나?

② 시술 과정이 능숙하게 작업되었는가?

2) 메이크업 과정

① 베이스 메이크업 시술 과정

- 모델의 피부 톤에 알맞은 메이크업 베이스를 선택하여 고르게 바른다.
- 모델의 피부에 맞게 결점을 커버하여 피부 표현을 한다.
- 윤곽 수정 과정 후 피부 톤에 알맞은 파우더로 표현한다.

② 아이브로 시술 과정

- 눈썹 펜슬 또는 **브라운색** 섀도를 사용하여 눈썹을 표현한다.
- 각이 지지 않는 **둥근형**의 형태에 진하지 않은 톤의 눈썹으로 자연스럽게 표현한다.

③ 아이 메이크업 시술 과정

펄연핑크(주조색)의 색과 연보라색(라인 부분)으로 아이홀이 생기지 않도록 그러데이션을 한다.

④ 아이라인 시술 과정
- 속눈썹 사이를 메워서 그리고 도면과 같이 눈매를 교정한다.
- **검은색 라이너**를 사용하여 눈매에 알맞은 아이라인을 연출한다.

⑤ 속눈썹 시술 과정
- 뷰러를 이용하여 자연 속눈썹을 컬링한다.
- 인조 속눈썹을 모델 눈에 맞춰 붙이고 아이라인을 정리한다.
- 마스카라를 사용하여 자연 속눈썹과 인조 속눈썹을 연결한다.

⑥ 치크 및 섀딩 시술 과정
- **핑크색으로 애플 존 위치에 둥글게 표현**하고 테두리 부분을 자연스럽게 그러데이션 한다.
- 얼굴 윤곽에 맞게 섀딩과 하이라이트를 표현한다.

⑦ 입술 시술 과정
- **입술 중앙 부분에 핑크색**을 진하게 표현하여 **테두리 부분으로 그러데이션** 하며 립라인이 진하지 않게 주의한다.

⑧ 전체 완성도
- 작업 완료 후 정리 정돈을 잘하여 마무리한다.
- 과제 수행 완료를 잘 완성하였는지 체크한다.

3. 과제 준비물

준비물	소독 및 위생	위생가운, 어깨보, 헤어터번, 흰색 타월, 소독제, 소독솜 용기, 화장솜
	베이스 메이크업	메이크업 베이스, 파운데이션, 파우더
	포인트 메이크업	아이섀도 팔레트, 립 팔레트, 아이라이너, 마스카라, 아이브로 펜슬, 인조 속눈썹
	기타 도구	속눈썹 접착제, 눈썹 칼, 눈썹 가위, 브러시 세트, 스펀지(퍼프), 스패출러, 분첩, 뷰러, 미용 티슈, 면봉, 족집게, 클렌징 제품

4. 작업 과정

 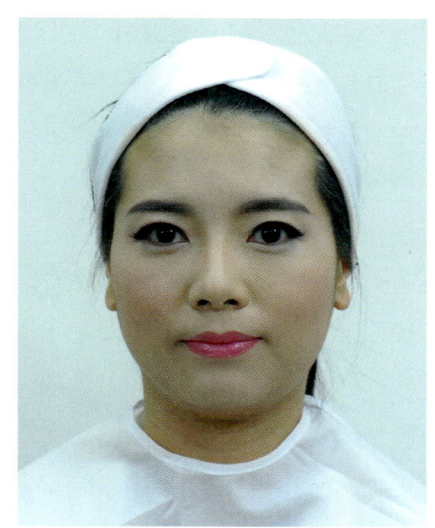

1) 심사 내용

과제 유형	시험 시간	배점	사전 심사	소독	베이스	눈썹	눈	치크	입술	완성도
웨딩 로맨틱	40분	30점	3점	3점	3점	3점	6점	3점	3점	6점

2) 요구 사항 및 수험자 유의 사항

[요구 사항]

① 과제를 수행하기 전 수험자의 손 및 도구류를 소독한 후 제시된 도면을 참고하여 웨딩(로맨틱) 메이크업 스타일을 연출하시오.
② 모델의 피부 톤에 적합한 메이크업 베이스를 선택하여 얇고 고르게 펴 바르시오.
③ 모델의 피부보다 한 톤 밝게 표현하시오.
④ 섀딩과 하이라이트 후 파우더로 가볍게 마무리하시오.

⑤ 모델의 눈썹 모양에 맞추어 흑갈색으로 그리되 눈썹 산이 각지지 않게 둥근 느낌으로 그리시오.

⑥ 아이섀도는 펄이 약간 가미된 연핑크색으로 눈두덩이와 언더 라인 전체에 바르시오.

⑦ 연보라색 아이섀도로 도면과 같이 아이라인 주변을 짙게 바르고 눈두덩이 위로 자연스럽게 그러데이션 한 후 눈꼬리 언더 라인 1/2~1/3까지 그러데이션 하시오(단, 아이섀도 연출 시 아이홀 라인의 경계가 생기지 않게 그러데이션 하시오).

⑧ 아이라인은 아이라이너로 속눈썹 사이를 메워서 그리고 눈매를 아름답게 교정하시오.

⑨ 뷰러를 이용하여 자연 속눈썹을 컬링하시오.

⑩ 인조 속눈썹은 모델 눈에 맞춰 붙이고, 마스카라를 바르시오.

⑪ 치크는 핑크색으로 애플존 위치에 둥근 느낌으로 바르시오.

⑫ 립은 핑크색으로 입술 안쪽을 짙게 바르고 바깥으로 그러데이션 한 후 립글로스로 촉촉하게 마무리하시오.

[수험자 유의 사항]

① 모델은 문신(눈썹, 아이라인, 입술 등), 속눈썹 연장 및 메이크업이 되어 있지 않은 상태이어야 한다.

② 스패출러, 속눈썹 가위, 족집게, 눈썹 칼 등의 도구류를 사용 전 소독제로 소독해야 한다.

③ 메이크업 베이스, 파운데이션을 펴 바를 때 스펀지 퍼프 또는 브러시를 사용하시오.

④ 아이섀도, 치크, 립 등의 표현 시 브러시 등 적합한 도구를 사용하시오.

⑤ 화장품은 요구 사항에 지정된 제형 외에는 타입에 상관없이 자유롭게 사용하시오.

3) 시술 과정

[소독하기]

① 손 소독 : 소독제를 소독솜에 뿌려 양손의 손바닥과 손등, 손가락 사이를 꼼꼼하게 닦은 후 사용한 소독솜은 위생 봉투에 버린다.

② 도구 소독 : 팔레트, 족집게, 눈썹 칼, 스패출러, 눈썹 가위와 같은 철제 도구 등은 소독제로 소독한다.

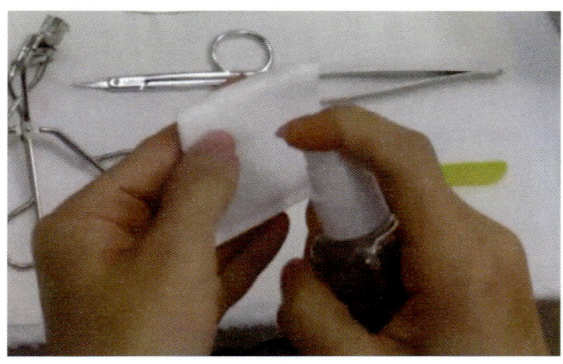

[메이크업 베이스]

TIP 메이크업 베이스

- 메이크업 베이스는 모델의 피부 톤에 알맞은 색상을 선택하여 적절하게 사용하도록 한다.
- 퍼프나 브러시를 사용하여 가볍게 발라 주며, 너무 많은 양을 사용하지 않는 것이 좋다.
- 메이크업 팔레트에 적당량을 덜어서 사용한다.

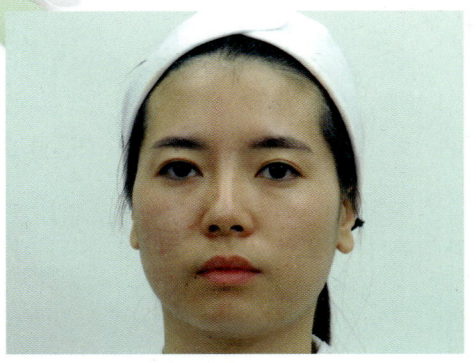

① 모델의 피부 톤을 파악하여 알맞은 베이스 컬러를 선택한다.

TIP 피부 컬러에 따른 베이스 컬러 선택

노란기가 많은 피부 톤(보라색)	붉은 기가 많은 피부 톤(녹색)
●	●

② 라텍스 퍼프 또는 베이스 브러시를 사용하여 얼굴에 찍어 준다.

TIP 피부 컬러에 따른 메이크업 베이스 선택

메이크업 베이스 컬러	효 과
화이트	어둡고 칙칙한 피부 톤
연핑크	혈색이 없고 창백한 피부 톤
그린	잡티가 있는 붉은 피부 톤
바이올렛	노란 피부 톤

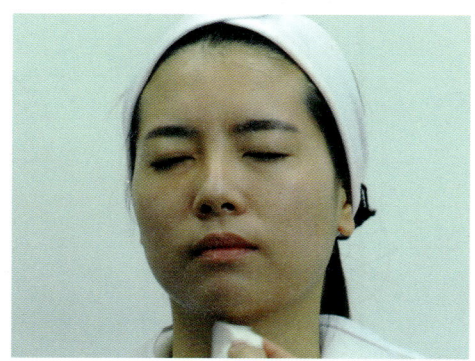

③ 모델의 얼굴 전체에 고르게 펴 바르며 두드려 준다.

[파운데이션]

① 피부 톤보다 한 톤 정도 밝은색의 파운데이션을 사용하여 팔레트에 필요량만큼 덜어 준다.

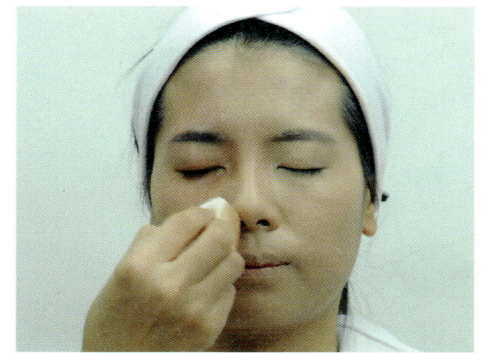

② 라텍스 퍼프를 사용하여 얼굴 전체에 바른다.

TIP 파운데이션 선택 요령

건조한 피부	리퀴드 파운데이션 또는 크림과 섞어서 사용
중성 피부	리퀴드 또는 크림 파운데이션 사용
지성 피부	스틱 또는 크림 파운데이션 사용
잡티 및 민감성 피부	스틱/크림 파운데이션 사용 후 컨실러 등을 사용하여 피부 결점 등의 잡티 커버

③ 얼굴형에 알맞은 섀딩과 하이라이트를 넣어 준다.

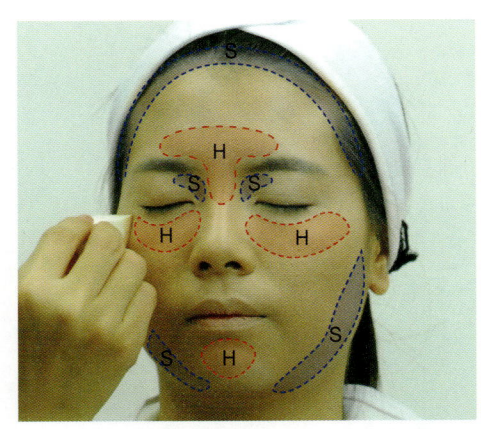

TIP 하이라이트와 섀딩

하이라이트(H)	피부 톤보다 1~2톤 정도 밝은 톤으로 표현	
섀딩(S)	피부 톤보다 1~2톤 정도 어두운 톤으로 표현	

[파우더]

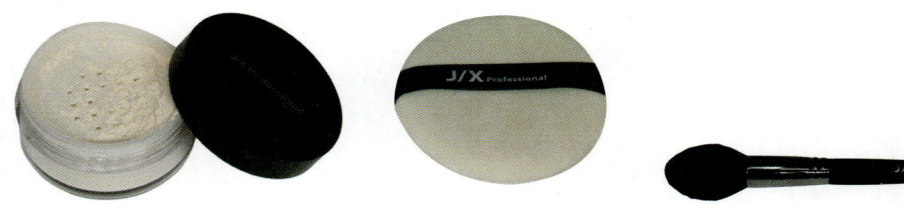

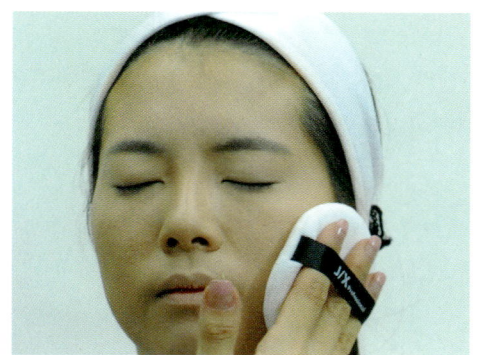

① 적당량의 파우더를 얼굴 전체에 고르게 바른다.

[눈썹 그리기]

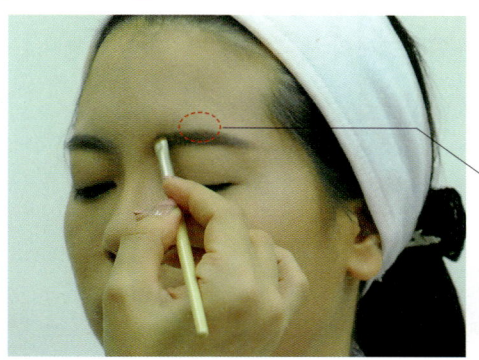

① 흑갈색의 섀도나 브라운 펜슬을 사용하여 각이 지지 않게 둥근 느낌으로 형태를 잡는다.

└ 눈썹 산이 각지지 않게

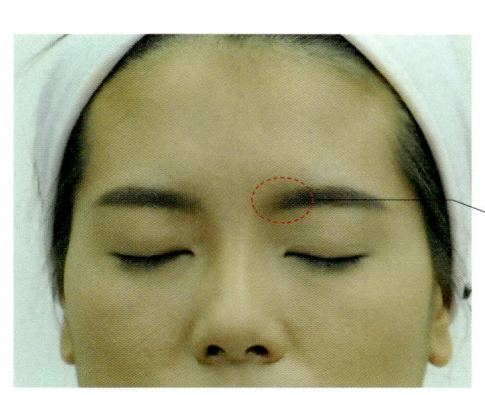

② 눈썹 앞부분으로 갈수록 자연스럽게 그러데이션을 하여 형태를 정리한다.

└ 눈썹 앞머리는 진하지 않도록 주의

[아이섀도]

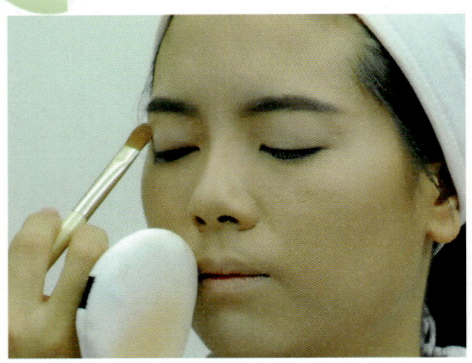

① 눈두덩이 전체에 흰색에 가까운 밝은 아이보리색의 섀도를 눈 전체 아이베이스로 깔아 준다.

② 펄감이 있는 연핑크색의 섀도를 눈두덩이 부분에 바른다.

③ 펄연핑크 컬러 섀도를 언더 부분에도 연결하여 발라 준다.

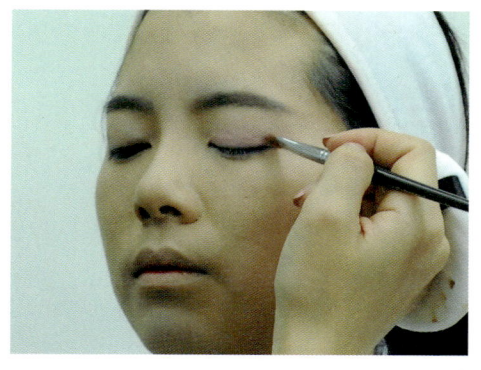

④ 연보라색의 섀도를 아이라인 주변을 중심으로 그러데이션을 하여 색을 펴 준다. 펄핑크 부분과 연보라색의 경계가 아이홀과 선이 생기지 않도록 그러데이션 한다. 라인 부분은 짙게 하여 위로 올라오면서 색이 연하게 표현될 수 있도록 한다.

 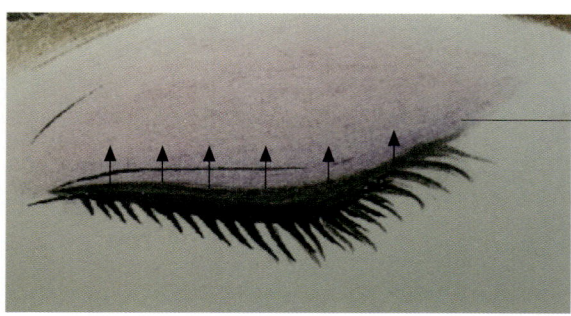

연보라색을 라인 부위에 발라 윗방향으로 선이 생기지 않게 그러데이션 한다.

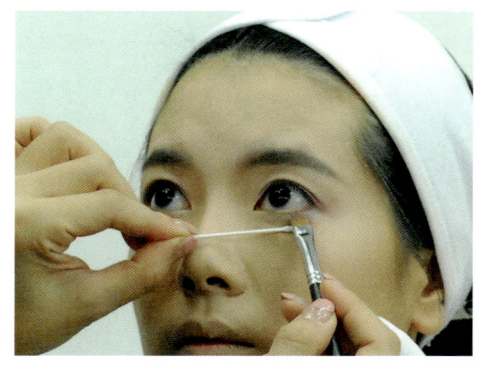

⑤ 언더 부분에 연보라색의 섀도를 1/2~1/3 지점까지 연결하여 색을 넣는다.

[아이라인]

① 검정 펜슬로 속눈썹 사이사이를 메우며 점막과 속눈썹 사이를 채워 눈매를 교정한다.

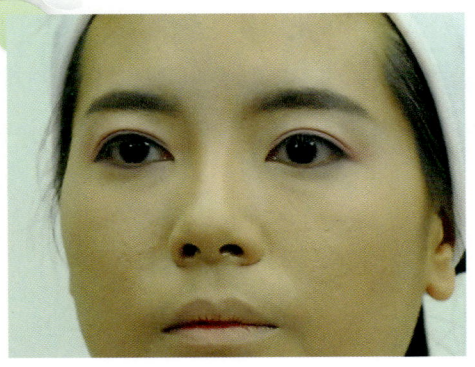

② 아이라인 부분이 또렷하게 보이도록 그려 준다.

[속눈썹 표현]

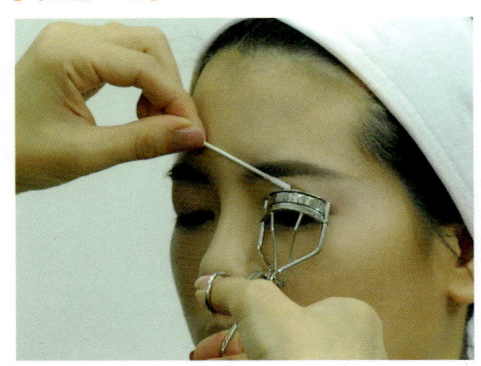

① 뷰러를 사용하여 자연 속눈썹의 컬을 집어 주어 올린다.

TIP 뷰러로 컬링하기

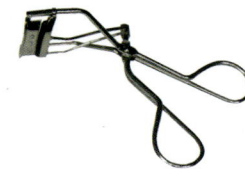

① 자연 속눈썹 뿌리 부분에서 한번 집어 준다.
② 가운데 속눈썹을 집어 준다.
③ 눈썹 끝 부분을 집어서 컬을 완성한다.

※ 주의할 점
- 눈두덩이를 면봉으로 살짝 들어 뷰러를 눈 모양과 속눈썹 뿌리에 맞추어 집어 주도록 한다.
- 3번 정도에 걸쳐 속눈썹을 집어 주어 컬을 올리도록 한다.

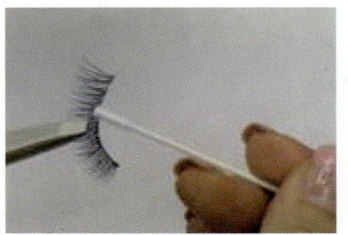

② 인조 속눈썹에 글루를 바른 후 아이라인을 따라 눈매에 맞추어 부착한다.

> **TIP**
> 글루를 바른 후 5~10초 정도 지난 후에 눈에 부착시켜 주어 글루의 접착력을 높여 주는 것이 좋다.

③ 마스카라를 사용하여 자연 속눈썹에 인조 속눈썹이 자연스럽게 연결될 수 있도록 바른다.

> **TIP** 주의할 점
> 자연 속눈썹 위로 인조 속눈썹이 부착되어 있으므로 마스카라 도포 시 인조 속눈썹의 아랫부분만 마스카라를 바르도록 한다.

[볼 메이크업]

① 핑크색의 치크를 사용하여 애플존 위치에 맞추어 둥글게 표현한다.

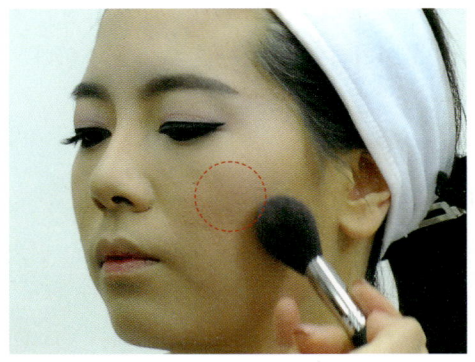

② 핑크색의 테두리 부분을 자연스럽게 그러데이션 하여 뭉치지 않게 펴 준다.

[입술 표현]

① 입술 안쪽에 진한색의 핑크로 색을 채워 바깥으로 그러데이션 한다.

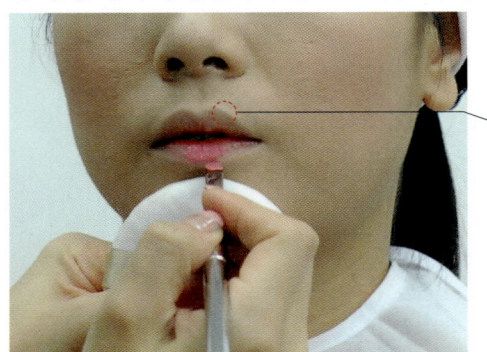
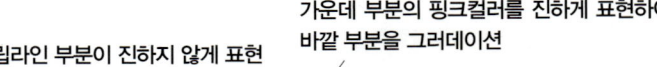
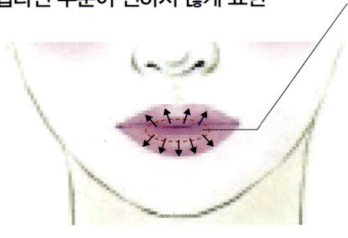

립라인 부분이 진하지 않게 표현

가운데 부분의 핑크컬러를 진하게 표현하여 바깥 부분을 그러데이션

② 투명 립글로스로 촉촉하게 마무리한다.

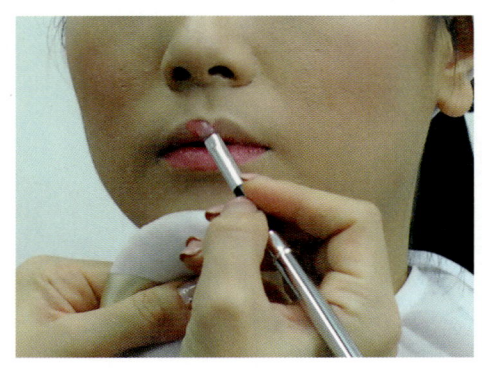

[마무리 및 정리]

① 종료 시간 1~2분 정도의 시간을 남기고 약간의 여유 시간을 두어 1과제의 수행 내용이 잘 되어 있는지 최종 점검을 하며, 사용했던 도구 및 테이블 정돈을 하도록 하자.

② 종료 알림 전까지 마무리 정돈을 마쳐야 하며 시험 종료 직전에 양손을 무릎에 가지런히 올려놓고 종료 시간 알림까지 대기하도록 한다.

[주의사항]

① 시험 종료 알림 이후 수험자는 도구 및 메이크업 제품을 손에 들고 있지 않아야 하며 시술을 중단하여야 한다.

② 종료 이후 시술을 멈추지 않고 계속 시행할 경우 감점 또는 실격 처리될 수 있으므로 유의해야 한다.

[1과제 종료 후 정리 및 2과제 사전 준비]

① 1과제 종료 후 수험자와 모델은 자리 이동을 하지 않고 2과제 준비를 하도록 한다.

② 추가 재료인 **더마왁스, 스프리트검, 글루 리무버**를 테이블에 세팅하여 준비하도록 한다.

③ 사용한 파우더 퍼프는 교체하고 메이크업 브러시 등을 정리한다.

④ 사용했던 투명 비닐은 새것으로 교체하여 준비한다.

⑤ 수험자와 모델의 복장을 재점검하고 2과제 사전 심사 및 과제 발표 등을 대기하도록 한다.

[모델 준비]

① 1과제 종료 후 신속히 메이크업을 클렌징하도록 한다.

② 세안이 불가능하므로 클렌징이 쉬운 제품을 사용하여 빠르게 클렌징한다.

③ 2과제 준비를 위해 주어진 시간은 10~15분 내외 정도이며 스킨, 로션(크림) 단계까지 기초화장을 마친 후 바른 자세로 대기하도록 한다.

02 웨딩(클래식) 메이크업

1. 사전 심사

1) 재료 준비 사항
① 본 과제에 필요한 재료 목록에 알맞게 모두 준비되어 있는가?
② 본 과제에 불필요한 도구 및 재료가 세팅되어 있지 않는가?
③ 작업대 위에 재료 및 도구들이 위생적으로 잘 정리되어 있는가?
④ 사전에 미리 작업을 해 오거나 재료나 도구 등에 구별을 위한 표식이 있지는 않는가?

2) 수험자 및 모델의 복장
① 수험자와 모델이 각 규정에 맞는 복장을 올바르게 착용하고 있는가?
② 수험자와 모델이 규정에 맞지 않는 액세서리 등을 착용하고 있지 않는가?
③ 수험자와 모델이 시험 전 사전 준비 상태가 올바르게 되어 있는가?

2. 본심사

1) 시술 및 숙련도
① 시술 순서를 알맞게 진행하였나?
② 시술 과정이 능숙하게 작업되었는가?

2) 메이크업 과정
① 베이스 메이크업 시술 과정
- 모델의 피부 톤에 알맞은 메이크업 베이스를 선택하여 고르게 바른다.
- 모델의 피부에 맞게 결점을 커버하여 피부 표현을 한다.
- 윤곽 수정 과정 후 **베이지 컬러의 파우더로 매트하게 피부 표현**을 한다.

② 아이브로 시술 과정
- 눈썹 펜슬 또는 **흑갈색** 섀도를 사용하여 눈썹을 표현한다.
- **각이 진 형태**로 너무 진하지 않은 톤의 눈썹으로 표현한다.

③ 아이메이크업 시술 과정
- **피치색의 아이섀도**를 펴 바른 후 브라운색으로 속눈썹 라인에 깊이감을 주며 아이홀 라인의 경계가 생기지 않게 그러데이션 한다.

- 언더 부분에 피치와 브라운으로 1/3 또는 1/2 지점까지 연결하여 색을 넣어 준다.
- 눈앞머리 1/3 지점 정도까지 부분의 **위, 아래에 골드펄을** 발라 준다.

④ 아이라인 시술 과정
- 속눈썹 사이를 메워 그리고 도면과 같이 눈매를 교정한다.
- **검은색 라이너**를 사용하여 눈매에 알맞은 아이라인을 연출한다.

⑤ 속눈썹 시술 과정
- 뷰러를 이용하여 자연 속눈썹을 컬링한다.
- 끝이 긴 형태의 인조 속눈썹을 모델 눈에 맞춰 붙이고 아이라인을 정리한다.
- 마스카라를 사용하여 자연 속눈썹과 인조 속눈썹을 연결한다.

⑥ 치크 및 섀딩 시술 과정
- **피치색으로 광대뼈 바깥에서 안쪽으로** 블렌딩한다.
- 얼굴 윤곽에 맞게 섀딩과 하이라이트를 표현한다.

⑦ 입술 시술 과정

베이지 핑크색으로 전체 입술을 바르고 **입술 라인을 선명하게** 표현한다.

⑧ 전체 완성도
- 작업 완료 후 정리 정돈을 잘하여 마무리한다.
- 과제 수행 완료를 잘 완성하였는지 체크한다.

3. 과제 준비물

준비물	소독 및 위생	위생가운, 어깨보, 헤어터번, 흰색타월, 소독제, 소독솜 용기, 화장솜
	베이스 메이크업	메이크업 베이스, 파운데이션, 파우더
	포인트 메이크업	아이섀도 팔레트, 립 팔레트, 아이라이너, 마스카라, 아이브로 펜슬, 인조 속눈썹
	기타 도구	속눈썹 접착제, 눈썹 칼, 눈썹 가위, 브러시 세트, 스펀지(퍼프), 스패츌러, 분첩, 뷰러, 미용티슈, 면봉, 족집게, 클렌징 제품

4. 작업 과정

 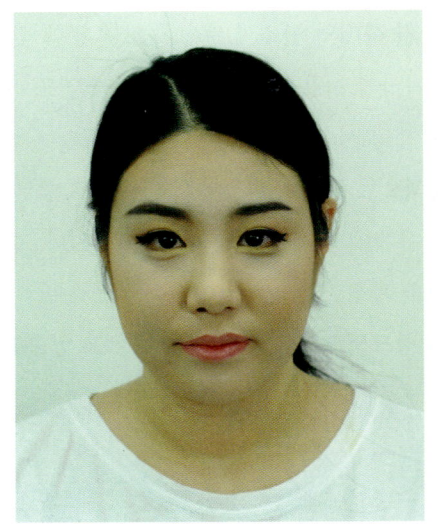

1) 심사 내용

과제 유형	시험 시간	배점	사전 심사	소독	베이스	눈썹	눈	치크	입술	완성도
웨딩 클래식	40분	30점	3점	3점	3점	3점	6점	3점	3점	6점

2) 요구 사항 및 수험자 유의 사항

[요구 사항]

① 과제를 수행하기 전 수험자의 손 및 도구류를 소독한 후 제시된 도면을 참고하여 웨딩(클래식) 메이크업 스타일을 연출하시오.

② 모델의 피부 톤에 적합한 메이크업 베이스를 선택하여 얇고 고르게 펴 바르시오.

③ 모델의 피부 톤에 맞춰 결점을 커버하여 깨끗하게 피부 표현을 하시오.

④ 섀딩과 하이라이트로 윤곽 수정 후 파우더로 매트하게 마무리하시오.

⑤ 모델의 눈썹 모양에 맞추어 흑갈색으로 그리되 눈썹 산이 약간 각지도록 그려 주시오.

⑥ 피치색의 아이섀도를 눈두덩이 전체에 펴 바른 후 브라운색으로 속눈썹 라인에 깊이감을 주고, 눈두덩이 위로 펴 바르시오.

⑦ 눈앞머리의 위, 아래에는 골드펄을 발라 화려함을 연출하시오(단, 아이섀도 연출 시 아이홀 라인의 경계가 생기지 않게 그러데이션 하시오).

⑧ 아이라인은 속눈썹 사이를 메워서 그리고 눈매를 아름답게 교정하시오.

⑨ 뷰러를 이용하여 자연 속눈썹을 컬링하시오.

⑩ 인조 속눈썹은 뒤쪽이 긴 스타일로 모델 눈에 맞춰 붙이고, 마스카라를 바르시오.

⑪ 치크는 피치색으로 광대뼈 바깥에서 안쪽으로 블렌딩하시오.

⑫ 립 컬러는 베이지 핑크색으로 바르고 입술 라인을 선명하게 표현하시오.

[수험자 유의 사항]

① 모델은 문신(눈썹, 아이라인, 입술 등), 속눈썹 연장 및 메이크업이 되어 있지 않은 상태이어야 한다.

② 스패출러, 속눈썹 가위, 족집게, 눈썹 칼 등의 도구류를 사용 전 소독제로 소독해야 한다.

③ 메이크업 베이스, 파운데이션을 펴 바를 때 스펀지 퍼프 또는 브러시를 사용하시오.

④ 아이섀도, 치크, 립 등의 표현 시 브러시 등 적합한 도구를 사용하시오.

⑤ 화장품은 요구 사항에 지정된 제형 외에는 타입에 상관없이 자유롭게 사용하시오.

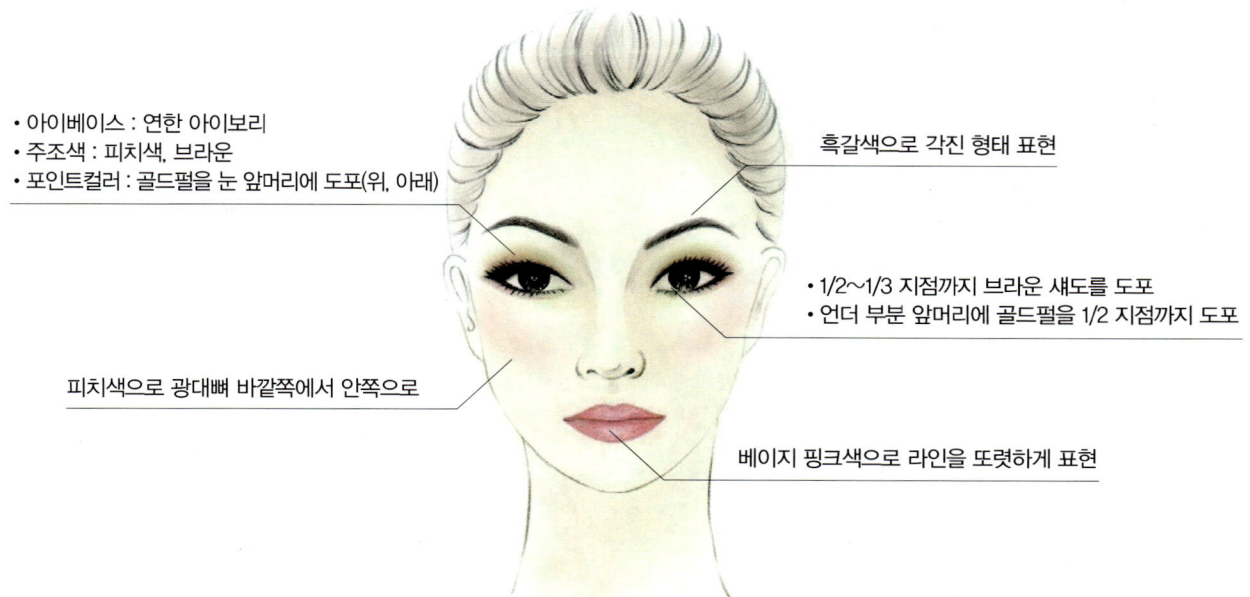

- 아이베이스 : 연한 아이보리
- 주조색 : 피치색, 브라운
- 포인트컬러 : 골드펄을 눈 앞머리에 도포(위, 아래)

흑갈색으로 각진 형태 표현

- 1/2~1/3 지점까지 브라운 섀도를 도포
- 언더 부분 앞머리에 골드펄을 1/2 지점까지 도포

피치색으로 광대뼈 바깥쪽에서 안쪽으로

베이지 핑크색으로 라인을 또렷하게 표현

3) 시술 과정

[소독하기]

① 손 소독 : 소독제를 소독솜에 뿌려 양손의 손바닥과 손등, 손가락 사이를 꼼꼼하게 닦은 후 사용한 소독솜은 위생 봉투에 버린다.

② 도구 소독 : 팔레트, 족집게, 눈썹 칼, 스패출러, 눈썹 가위와 같은 철제 도구 등은 소독제로 소독한다.

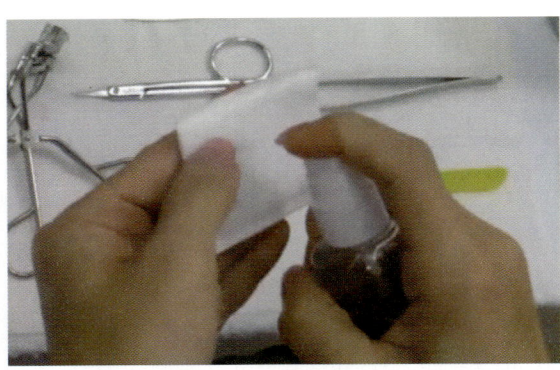

[메이크업 베이스]

> **TIP** 메이크업 베이스
> - 메이크업 베이스는 모델의 피부 톤에 알맞은 색상을 선택하여 적절하게 사용하도록 한다.
> - 퍼프나 브러시를 사용하여 가볍게 발라 주며, 너무 많은 양을 사용하지 않는 것이 좋다.
> - 메이크업 팔레트에 적당량을 덜어서 사용한다.

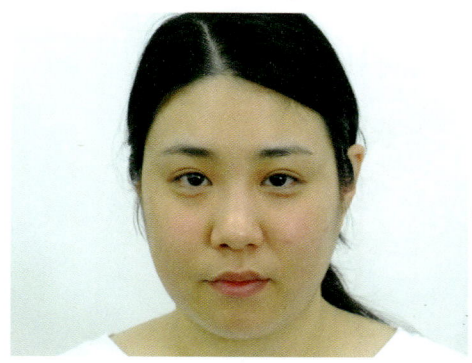

① 모델의 피부 톤을 파악하여 알맞은 베이스 컬러를 선택한다.

② 라텍스 퍼프 또는 베이스 브러시를 사용하여 얼굴에 찍어 준다.

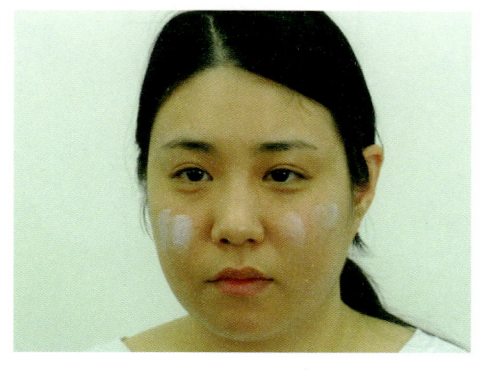

③ 모델의 얼굴 전체에 고르게 펴 바르며 두드려 준다.

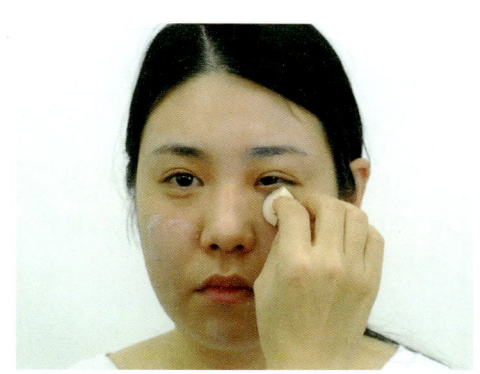

[파운데이션]

① 피부 톤보다 한 톤 정도 밝은색의 파운데이션을 사용하여 팔레트에 덜어 준다.

② 라텍스 퍼프를 사용하여 얼굴 전체에 바른다.

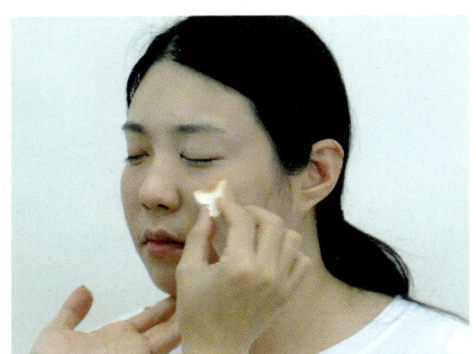

③ 얼굴형에 알맞은 섀딩과 하이라이트를 넣어 준다.

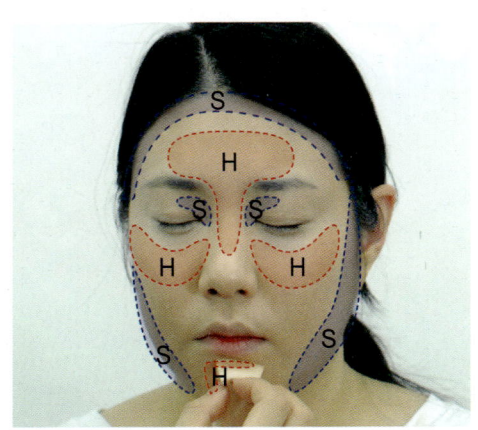

TIP 하이라이트와 섀딩

하이라이트(H)	피부 톤보다 1~2톤 정도 밝은 톤으로 표현	
섀딩(S)	피부 톤보다 1~2톤 정도 어두운 톤으로 표현	

[파우더]

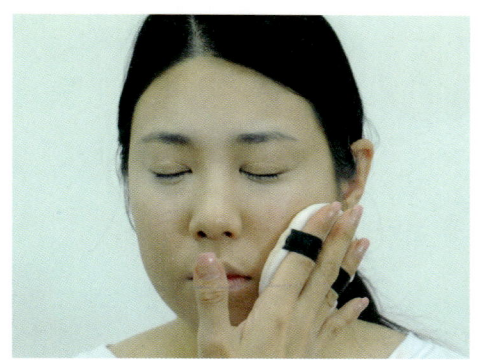

① 적당량의 파우더를 얼굴 전체에 고르게 바른다.

[눈썹 그리기]

① 흑갈색의 섀도나 펜슬을 사용하여 눈썹 산을 각이 진 형태로 잡는다.

② 눈썹 앞부분으로 갈수록 자연스럽게 그러데이션을 하여 형태를 정리한다.

[아이섀도]

① 눈두덩이 전체에 흰색에 가까운 밝은 아이보리색의 섀도를 눈 전체 아이베이스로 깔아 준다.

② 피치색 섀도를 눈두덩이에 발라 준다.

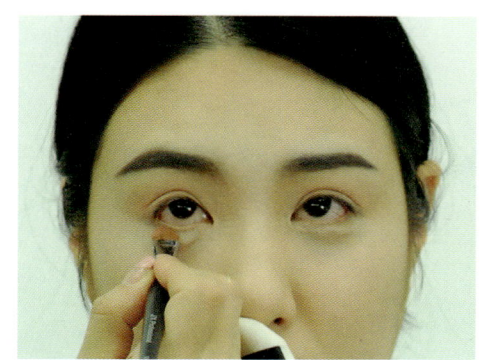

③ 언더 부분에 피치색의 섀도를 연결하여 색을 넣는다.

④ 브라운색 섀도를 아이라인 부위를 중심으로 눈두덩이 위에 그러데이션 한다.

⑤ 언더 부분에 브라운색의 섀도를 1/2~1/3 지점까지 연결하여 색을 넣는다.

⑥ 눈앞머리 위와 아래 부분에 경계라인이 생기지 않도록 하여 골드펄을 발라 준다.

골드펄 바르기

[아이라인]

① 검정 펜슬로 속눈썹 사이사이를 메우며 점막과 속눈썹 사이를 채운다.

② 아이라인 부분이 또렷하게 보이도록 그려 준다.

[속눈썹 표현]

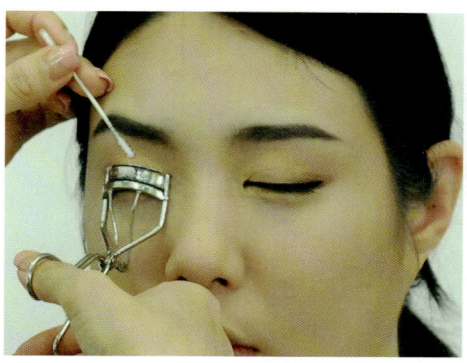 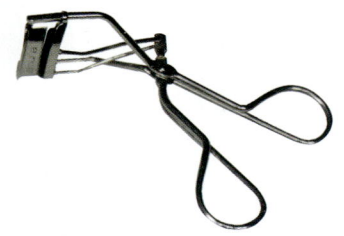

① 뷰러를 사용하여 자연 속눈썹의 컬을 집어 주어 올린다.

② 인조 속눈썹에 글루를 바른 후 아이라인을 따라 눈매에 맞추어 부착한다.

TIP

클래식 웨딩 메이크업의 인조 속눈썹은 뒤가 긴 형태의 속눈썹을 사용하여 눈꼬리가 길어 보이도록 눈매를 연출한다.

③ 마스카라를 사용하여 자연 속눈썹에 인조 속눈썹이 자연스럽게 연결될 수 있도록 바른다.

[볼 메이크업]

① 피치색의 치크를 사용하여 광대뼈 바깥쪽에서 안쪽 방향으로 표현한다.

> **TIP**
> 블러셔 메이크업을 한 후 섀딩 컬러를 사용하여 얼굴 외각 라인에 섀딩을 주어 얼굴 전체의 음영을 입체감 있게 표현하며, 하이라이트 컬러를 사용하여 얼굴의 밝은 부분(T존, 눈밑, 턱끝)을 표현한다.

[입술 표현]

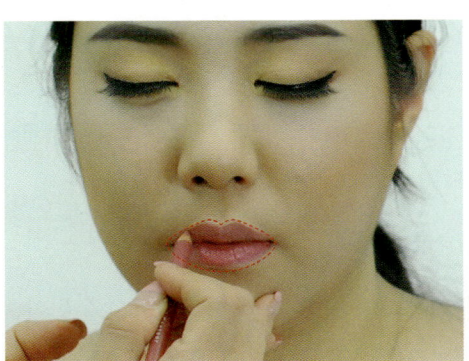

① 베이지 핑크색을 입술 전체에 바른다.

② 입술 라인 부분이 또렷하게 표현될 수 있도록 경계 부분을 선명하게 표현한다.

> **TIP**
> 입술 라인을 선명하고 또렷하게 표현하기 위해 립펜슬로 라인을 정리하거나 립컬러를 바른 후 컨실러나 면봉으로 라인 정리를 해 주어도 좋다.

[마무리 및 정리]

① 종료 시간 1~2분 정도의 시간을 남기고 약간의 여유 시간을 두어 1과제의 수행 내용이 잘 되어 있는지 최종 점검을 하며, 사용했던 도구 및 테이블 정돈을 하도록 하자.

② 종료 알림 전까지 마무리 정돈을 마쳐야 하며 시험 종료 직전에 양손을 무릎에 가지런히 올려놓고 종료 시간 알림까지 대기하도록 한다.

03 한복 메이크업

1. 사전 심사

1) 재료 준비 사항

① 본 과제에 필요한 재료 목록에 알맞게 모두 준비되어 있는가?
② 본 과제에 불필요한 도구 및 재료가 세팅되어 있지 않는가?
③ 작업대 위에 재료 및 도구들이 위생적으로 잘 정리되어 있는가?
④ 사전에 미리 작업을 해 오거나 재료나 도구 등에 구별을 위한 표식이 있지는 않는가?

2) 수험자 및 모델의 복장

① 수험자와 모델이 각 규정에 맞는 복장을 올바르게 착용하고 있는가?
② 수험자와 모델이 규정에 맞지 않는 액세서리 등을 착용하고 있지 않는가?
③ 수험자와 모델이 시험 전 사전 준비 상태가 올바르게 되어 있는가?

2. 본심사

1) 시술 및 숙련도

① 시술 순서를 알맞게 진행하였나?
② 시술 과정이 능숙하게 작업되었는가?

2) 메이크업 과정

① 베이스 메이크업 시술 과정
- 모델의 피부 톤에 알맞은 메이크업 베이스를 선택하여 고르게 바른다.
- 모델의 피부에 맞게 결점을 커버하여 피부 표현을 한다.
- 윤곽 수정 과정 후 피부 톤에 알맞은 파우더로 표현한다.

② 아이브로 시술 과정
- 눈썹 펜슬 또는 **흑갈색** 섀도를 사용하여 눈썹을 표현한다.
- **둥근 형태**의 너무 **두껍지 않은 눈썹**으로 표현한다.

③ 아이 메이크업 시술 과정
- **펄피치색**의 아이섀도를 펴 바른 후 **브라운색**을 속눈썹 라인에 바르며 아이홀 라인의 경계가 생기지 않게 그러데이션 한다.

- 눈꼬리 언더 라인의 1/2~1/3까지 브라운색으로 그러데이션 한다.
- 언더 라인 부분의 중앙 부분에 **밝은 크림색 섀도를 덧발라 애교살**을 표현한다.

④ 아이라인 시술 과정
- 속눈썹 사이를 메워서 그리고 도면과 같이 눈매를 교정한다.
- **검은색 라이너**를 사용하며 **눈꼬리가 약간 길어 보이게** 아이라인을 표현한다.

⑤ 속눈썹 시술 과정
- 뷰러를 이용하여 자연 속눈썹을 컬링한다.
- 인조 속눈썹을 모델 눈에 맞춰 붙이고 아이라인을 정리한다.
- 마스카라를 사용하여 자연 속눈썹과 인조 속눈썹을 연결한다.

⑥ 치크 및 섀딩 시술 과정
- **오렌지** 계열로 광대뼈 위쪽의 안에서 바깥으로 블렌딩한다.
- 얼굴 윤곽에 맞게 섀딩과 하이라이트를 표현한다.

⑦ 입술 시술 과정
- **오렌지 레드색**을 입술 전체에 바르고 **입술 라인을 선명하게** 표현한다.
- 입술은 두껍지 않게 표현한다.

⑧ 전체 완성도
- 작업 완료 후 정리 정돈을 잘하여 마무리한다.
- 과제 수행 완료를 잘 완성하였는지 체크한다.

3. 과제 준비물

준비물	소독 및 위생	위생가운, 어깨보, 헤어터번, 흰색타월, 소독제, 소독솜 용기, 화장솜
	베이스 메이크업	메이크업 베이스, 파운데이션, 파우더
	포인트 메이크업	아이섀도 팔레트, 립 팔레트, 아이라이너, 마스카라, 아이브로 펜슬, 인조 속눈썹
	기타 도구	속눈썹 접착제, 눈썹 칼, 눈썹 가위, 브러시 세트, 스펀지(퍼프), 스파츌러, 분첩, 뷰러, 미용티슈, 면봉, 족집게, 클렌징 제품

4. 작업 과정

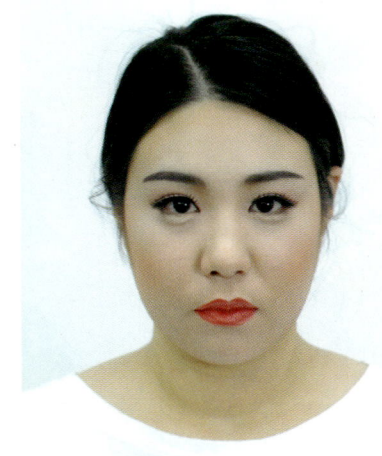

1) 심사 내용

과제 유형	시험 시간	배점	사전 심사	소독	베이스	눈썹	눈	치크	입술	완성도
한복	40분	30점	3점	3점	3점	3점	6점	3점	3점	6점

2) 요구 사항 및 수험자 유의 사항

[요구 사항]

① 과제를 수행하기 전 수험자의 손 및 도구류를 소독한 후 제시된 도면을 참고하여 한복 메이크업 스타일을 연출하시오.

② 모델의 피부 톤에 적합한 메이크업 베이스를 선택하여 얇고 고르게 펴 바르시오.

③ 모델의 피부 톤에 맞춰 결점을 커버하여 깨끗하게 피부 표현을 하시오.

④ 섀딩과 하이라이트 후 파우더로 가볍게 마무리하시오.

⑤ 모델의 눈썹 모양에 맞추어 자연스러운 브라운 컬러의 눈썹을 표현하시오.

⑥ 아이섀도의 표현은 펄이 약간 가미된 피치색으로 눈두덩이와 언더 라인 전체에 바르시오.

⑦ 브라운색 아이섀도로 도면과 같이 아이라인 주변을 짙게 바르고 눈두덩이 위로 자연스럽게 그러데이션 한 후 눈꼬리 언더 라인 1/2~1/3까지 그러데이션 하시오(단, 아이섀도 연출 시 아이홀 라인의 경계가 생기지 않게 그러데이션 하시오).

⑧ 언더 라인에는 밝은 크림색 섀도를 덧발라 애교살이 돋보이도록 하시오.

⑨ 아이라인은 속눈썹 사이를 메워서 그리고 눈매를 아름답게 교정하시오.

⑩ 뷰러를 이용하여 자연 속눈썹을 컬링하시오.

⑪ 인조 속눈썹은 모델 눈에 맞춰 붙이고, 마스카라를 바르시오.

⑫ 치크는 오렌지 계열로 광대뼈 위쪽의 안에서 바깥으로 블렌딩하여 바르시오.

⑬ 립 컬러는 오렌지 레드색으로 바르고 입술 라인을 선명하게 표현하시오.

[수험자 유의 사항]

① 모델은 문신(눈썹, 아이라인, 입술 등), 속눈썹 연장 및 메이크업이 되어 있지 않은 상태이어야 한다.

② 스패출러, 속눈썹 가위, 족집게, 눈썹 칼 등의 도구류를 사용 전 소독제로 소독해야 한다.

③ 메이크업 베이스, 파운데이션을 펴 바를 때 스펀지 퍼프 또는 브러시를 사용하시오.

④ 아이섀도, 치크, 립 등의 표현 시 브러시 등 적합한 도구를 사용하시오.

⑤ 화장품은 요구 사항에 지정된 제형 외에는 타입에 상관없이 자유롭게 사용하시오.

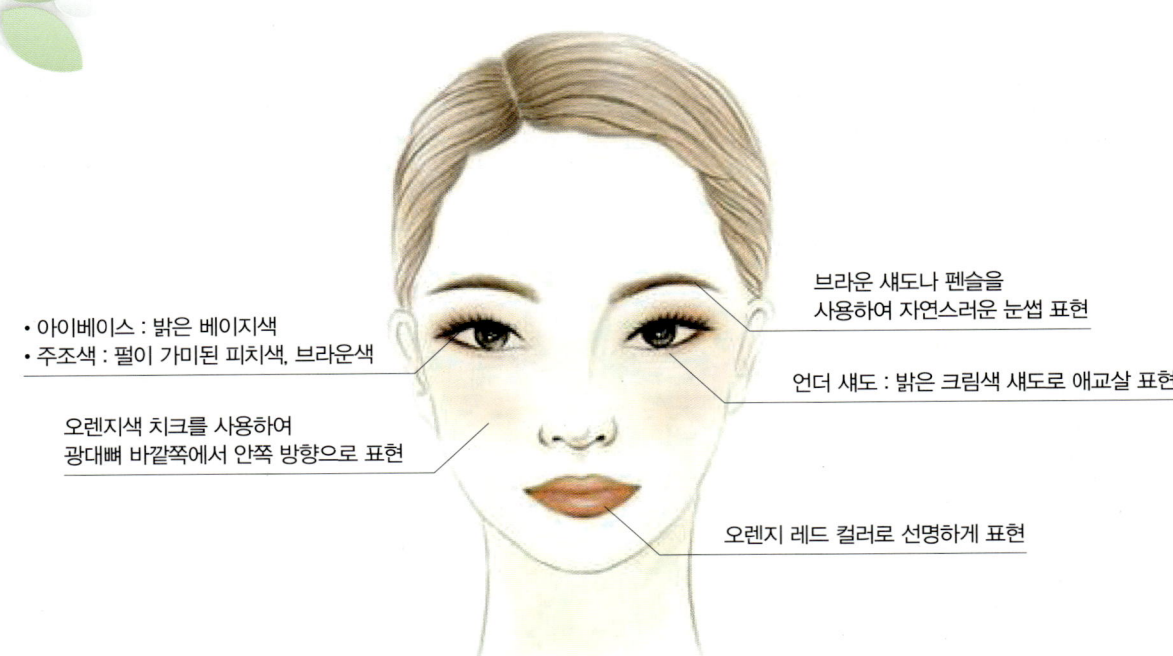

- 아이베이스 : 밝은 베이지색
- 주조색 : 펄이 가미된 피치색, 브라운색

오렌지색 치크를 사용하여 광대뼈 바깥쪽에서 안쪽 방향으로 표현

브라운 섀도나 펜슬을 사용하여 자연스러운 눈썹 표현

언더 섀도 : 밝은 크림색 섀도로 애교살 표현

오렌지 레드 컬러로 선명하게 표현

3) 시술 과정

[소독하기]

① 손 소독 : 소독제를 소독솜에 뿌려 양손의 손바닥과 손등, 손가락 사이를 꼼꼼하게 닦은 후 사용한 소독솜은 위생 봉투에 버린다.

② 도구 소독 : 팔레트, 족집게, 눈썹 칼, 스패출러, 눈썹 가위와 같은 철제 도구 등은 소독제로 소독한다.

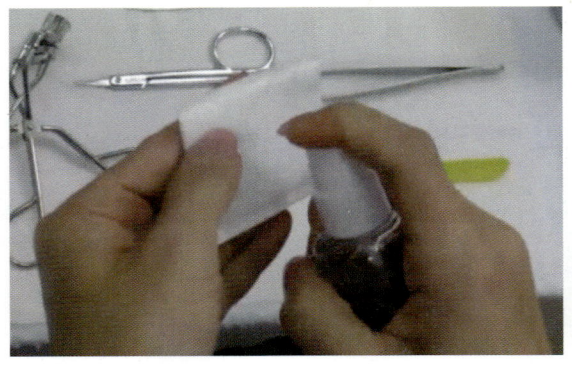  

[메이크업 베이스]

> **TIP** 메이크업 베이스
> • 메이크업 베이스는 모델의 피부 톤에 알맞은 색상을 선택하여 적절하게 사용하도록 한다.
> • 퍼프나 브러시를 사용하여 가볍게 발라 주며, 너무 많은 양을 사용하지 않는 것이 좋다.
> • 메이크업 팔레트에 적당량을 덜어서 사용한다.

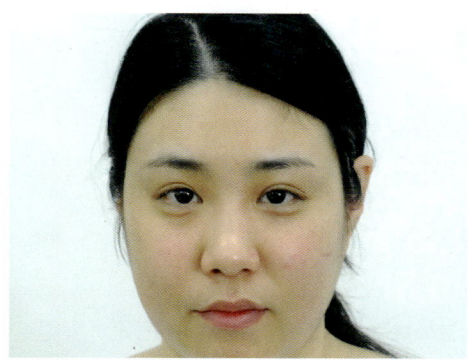

① 모델의 피부 톤을 파악하여 알맞은 베이스 컬러를 선택한다.

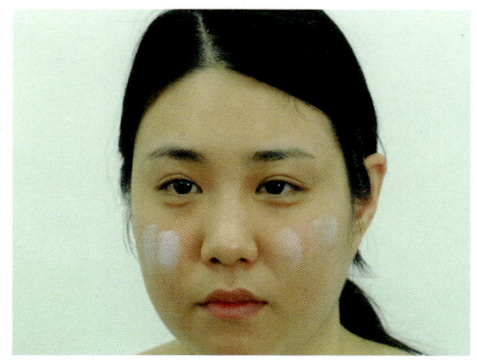

② 라텍스 퍼프 또는 베이스 브러시를 사용하여 얼굴에 찍어 준다.

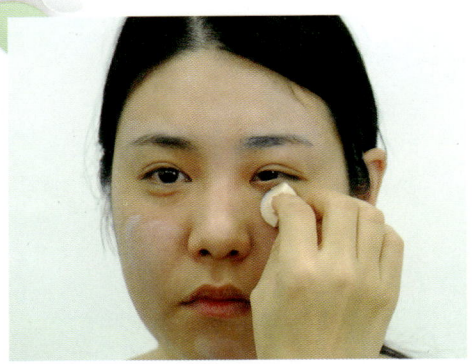

③ 모델의 얼굴 전체에 고르게 펴 바르며 두드려 준다.

[파운데이션]

① 피부 톤보다 한 톤 정도 밝은색의 파운데이션을 사용하여 팔레트에 덜어 준다.

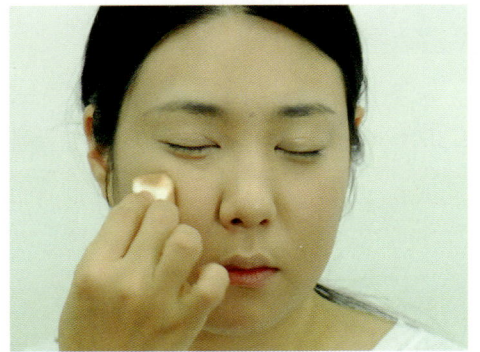

② 라텍스 퍼프를 사용하여 얼굴 전체에 바른다.

③ 얼굴형에 알맞은 섀딩과 하이라이트를 넣어 준다.

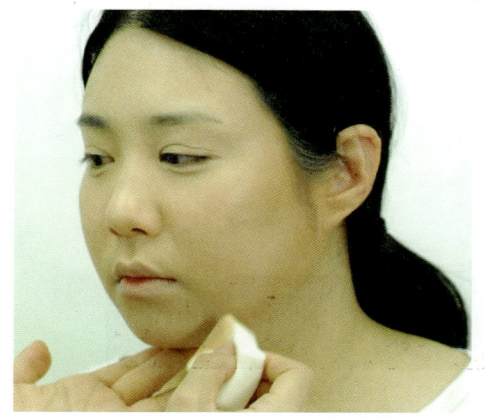
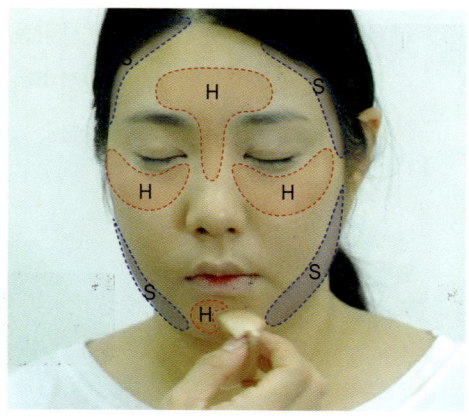

TIP 하이라이트와 섀딩

하이라이트(H)	피부 톤보다 1~2톤 정도 밝은 톤으로 표현	
섀딩(S)	피부 톤보다 1~2톤 정도 어두운 톤으로 표현	

[파우더]

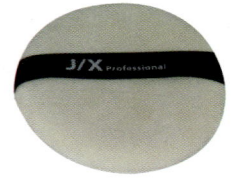

① 적당량의 파우더를 얼굴 전체에 고르게 바른다.

Part 4_ 제1과제 : 뷰티 메이크업 ◀◀◀ 111

[눈썹 그리기]

① 브라운색의 섀도나 펜슬을 사용하여 자연스러운 눈썹을 표현한다.

② 눈썹 앞부분으로 갈수록 자연스럽게 그러데이션을 하여 형태를 정리한다.

> **TIP** 한복 메이크업 눈썹 표현 시 유의 사항
> - 한복 메이크업에서의 눈썹은 각이 지지 않은 둥근형 또는 아치형의 눈썹 형태로 표현하는 것이 어울리며, 눈썹의 두께를 두껍지 않게 표현하여 여성적이고 동양적인 이미지를 연출하도록 한다.
> - 눈썹의 길이는 너무 짧지 않게 표현하며 곡선적인 느낌이 날 수 있도록 한다.

[아이섀도]

① 눈두덩이 전체에 밝은 베이지색의 섀도를 눈 전체 아이베이스로 깔아 준다.

② 펄이 가미된 피치색을 눈두덩이에 바른다.

③ 브라운색의 섀도를 아이라인 주변에 진하게 발라 그러데이션 한다.

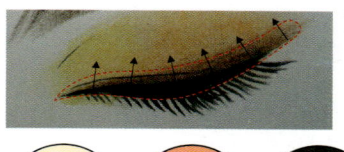

④ 언더 부분에 브라운색의 섀도를 1/2~1/3 지점까지 연결하여 색을 넣는다.

⑤ 언더 부분에 밝은 크림색의 섀도를 아래 중앙에 발라 색을 넣는다.

[아이라인]

① 검정 펜슬로 속눈썹 사이사이를 메우며 점막과 속눈썹 사이를 채운다.

② 아이라인 부분이 또렷하게 보이도록 그려 준다.

TIP
한복 메이크업의 아이라인의 표현은 눈꼬리를 살짝 길게 그려 주어 눈매가 길어 보이도록 연출하는 것이 어울린다.

[속눈썹 표현]

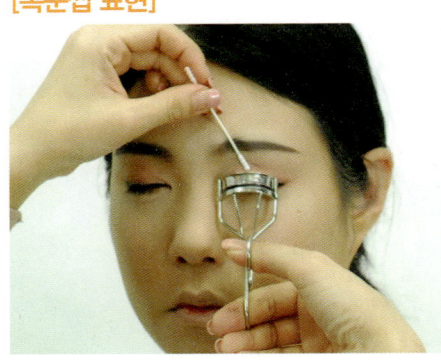

① 뷰러를 사용하여 자연 속눈썹의 컬을 집어 주어 올린다.

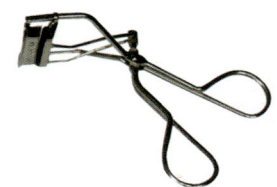

 ② 인조 속눈썹에 글루를 바른 후 아이라인을 따라 눈매에 맞추어 부착한다.

 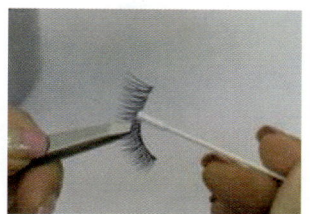

 ③ 마스카라를 사용하여 자연 속눈썹에 인조 속눈썹이 자연스럽게 연결될 수 있도록 바른다.

[볼 메이크업]

① 오렌지색의 치크를 사용하여 광대뼈 위쪽의 안쪽에서 바깥쪽 방향으로 표현한다.

[입술 표현]

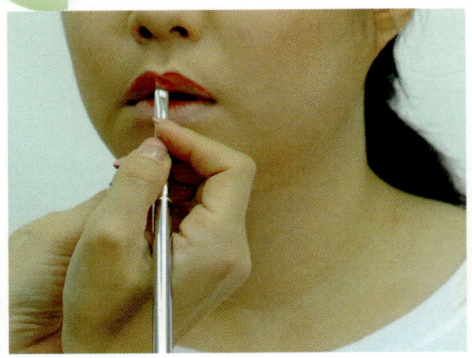

① 오렌지 레드색의 립 컬러를 립브러시로 선명하게 바른다.

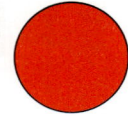

② 입술 라인을 또렷하게 마무리한다.

[마무리 및 정리]

① 종료 시간 1~2분 정도의 시간을 남기고 약간의 여유 시간을 두어 1과제의 수행 내용이 잘 되어 있는지 최종 점검을 하며, 사용했던 도구 및 테이블 정돈을 하도록 하자.
② 종료 알림 전까지 마무리 정돈을 마쳐야 하며 시험 종료 직전에 양손을 무릎에 가지런히 올려놓고 종료 시간 알림까지 대기하도록 한다.

04 내추럴 메이크업

1. 사전 심사

1) 재료 준비 사항

① 본 과제에 필요한 재료 목록에 알맞게 모두 준비되어 있는가?
② 본 과제에 불필요한 도구 및 재료가 세팅되어 있지 않은가?
③ 작업대 위에 재료 및 도구들이 위생적으로 잘 정리되어 있는가?
④ 사전에 미리 작업을 해 오거나 재료나 도구 등에 구별을 위한 표식이 있지는 않는가?

2) 수험자 및 모델의 복장

① 수험자와 모델이 각 규정에 맞는 복장을 올바르게 착용하고 있는가?
② 수험자와 모델이 규정에 맞지 않는 액세서리 등을 착용하고 있지 않은가?
③ 수험자와 모델이 시험 전 사전 준비 상태가 올바르게 되어 있는가?

2. 본심사

1) 시술 및 숙련도

① 시술 순서를 알맞게 진행하였나?
② 시술 과정이 능숙하게 작업되었는가?

2) 메이크업 과정

① 베이스 메이크업 시술 과정
- 모델의 피부 톤에 알맞은 메이크업 베이스를 선택하여 고르게 바른다.
- 모델의 피부색에 알맞은 톤의 파운데이션을 사용하고 결점을 커버하며 자연스럽고 두껍지 않게 **리퀴드 파운데이션**으로 피부 표현을 한다.
- **투명 파우더**를 사용하여 가볍게 피부 표현을 한다.

② 아이브로 시술 과정
- 눈썹 펜슬 또는 **브라운색 섀도**를 사용하여 눈썹 결을 살려 눈썹을 표현한다.
- 모델의 얼굴형과 이미지에 알맞은 형태로 **아주 자연스럽고** 내추럴한 눈썹으로 표현한다.

③ 아이메이크업 시술 과정
- **펄이 없는 베이지색**의 아이섀도를 눈두덩이에 펴 바른 후 **브라운색**으로 속눈썹 라인에 바르며 경계가 생

기지 않게 그러데이션 한다.
- 눈꼬리 언더 라인 1/2~1/3까지 브라운색으로 자연스럽게 연결하여 그러데이션 한다.

④ 아이라인 시술 과정

속눈썹 사이를 **브라운색**의 섀도 또는 브라운 펜슬로 메워 그리고 도면과 같이 눈매를 교정한다.

⑤ 속눈썹 시술 과정
- 뷰러를 이용하여 자연 속눈썹을 컬링한다.
- 마스카라를 이용하여 위아래 속눈썹을 모두 한올 한올 뭉치지 않게 발라 자연스럽게 C컬이 되도록 연출한다. (인조 속눈썹을 붙이지 않는다.)

⑥ 치크 및 섀딩 시술 과정
- **피치 컬러**로 광대뼈 위쪽 안에서 바깥으로 블렌딩한다.
- 얼굴 윤곽에 맞게 섀딩과 하이라이트를 아주 자연스럽고 진하지 않게 표현한다.

⑦ 입술 시술 과정
- **베이지 핑크색**으로 자연스럽게 바른다.
- 라인선을 그리지 않는다.

⑧ 전체 완성도
- 작업 완료 후 정리 정돈을 잘하여 마무리한다.
- 과제 수행 완료를 잘 완성하였는지 체크한다.

3. 과제 준비물

준비물	소독 및 위생	위생가운, 어깨보, 헤어터번, 흰색타월, 소독제, 소독솜 용기, 화장솜
	베이스 메이크업	메이크업 베이스, 파운데이션, 파우더
	포인트 메이크업	아이섀도 팔레트, 립 팔레트, 아이라이너, 마스카라, 아이브로 펜슬, 인조 속눈썹
	기타 도구	속눈썹 접착제, 눈썹 칼, 눈썹 가위, 브러시 세트, 스펀지(퍼프), 스파츌러, 분첩, 뷰러, 미용티슈, 면봉, 족집게, 클렌징 제품

4. 작업 과정

1) 심사 내용

과제 유형	시험 시간	배점	사전 심사	소독	베이스	눈썹	눈	치크	입술	완성도
내추럴	40분	30점	3점	3점	3점	3점	6점	3점	3점	6점

2) 요구 사항 및 수험자 유의 사항

[요구 사항]

① 과제를 수행하기 전 수험자의 손 및 도구류를 소독한 후 제시된 도면을 참고하여 내추럴 메이크업 스타일을 연출하시오.
② 모델의 피부 톤에 적합한 메이크업 베이스를 선택하여 얇고 고르게 펴 바르시오.
③ 베이스 메이크업은 모델 피부색과 비슷한 리퀴드 파운데이션을 사용하시오.
④ 피부의 결점 등을 커버하기 위하여 컨실러 등을 사용할 수 있으며 파운데이션은 두껍지 않게 골고루 펴 바르며 투명 파우더를 사용하여 마무리하시오.
⑤ 눈썹의 표현은 모델의 눈썹의 결을 최대한 살려 자연스럽게 그려 주시오.
⑥ 아이섀도의 표현은 펄이 없는 베이지색으로 눈두덩이와 언더 라인 전체에 바르시오.
⑦ 브라운색으로 도면과 같이 아이라인 주변을 바르고 눈두덩이 위로 자연스럽게 그러데이션 한 후 눈꼬리 언더 라인 1/2~1/3까지 그러데이션 하시오(단, 아이섀도 연출 시 아이홀 라인의 경계가 생기지 않게 그러데이션 하시오).
⑧ 아이라인은 브라운 컬러의 섀도 타입이나 펜슬 타입을 이용하여 점막을 채우듯이 속눈썹 사이를 메워서 그리고 눈매를 자연스럽게 교정하시오.
⑨ 뷰러를 이용하여 자연 속눈썹을 컬링하시오.
⑩ 마스카라를 이용하여 위아래 속눈썹을 모두 한올 한올 뭉치지 않게 발라 자연스러운 C컬이 되도록 연출하시오.
⑪ 치크는 피치 컬러로 광대뼈 안쪽에서 바깥쪽으로 블렌딩하시오.
⑫ 립은 베이지 핑크색으로 자연스럽게 발라 마무리하시오.

[수험자 유의 사항]

① 모델은 문신(눈썹, 아이라인, 입술 등), 속눈썹 연장 및 메이크업이 되어 있지 않은 상태이어야 한다.
② 스패출러, 속눈썹 가위, 족집게, 눈썹 칼 등의 도구류를 사용 전 소독제로 소독해야 한다.
③ 메이크업 베이스, 파운데이션을 펴 바를 때 스펀지 퍼프 또는 브러시를 사용하시오.
④ 아이섀도, 치크, 립 등의 표현 시 브러시 등 적합한 도구를 사용하시오.
⑤ 화장품은 요구 사항에 지정된 제형 외에는 타입에 상관없이 자유롭게 사용하시오.

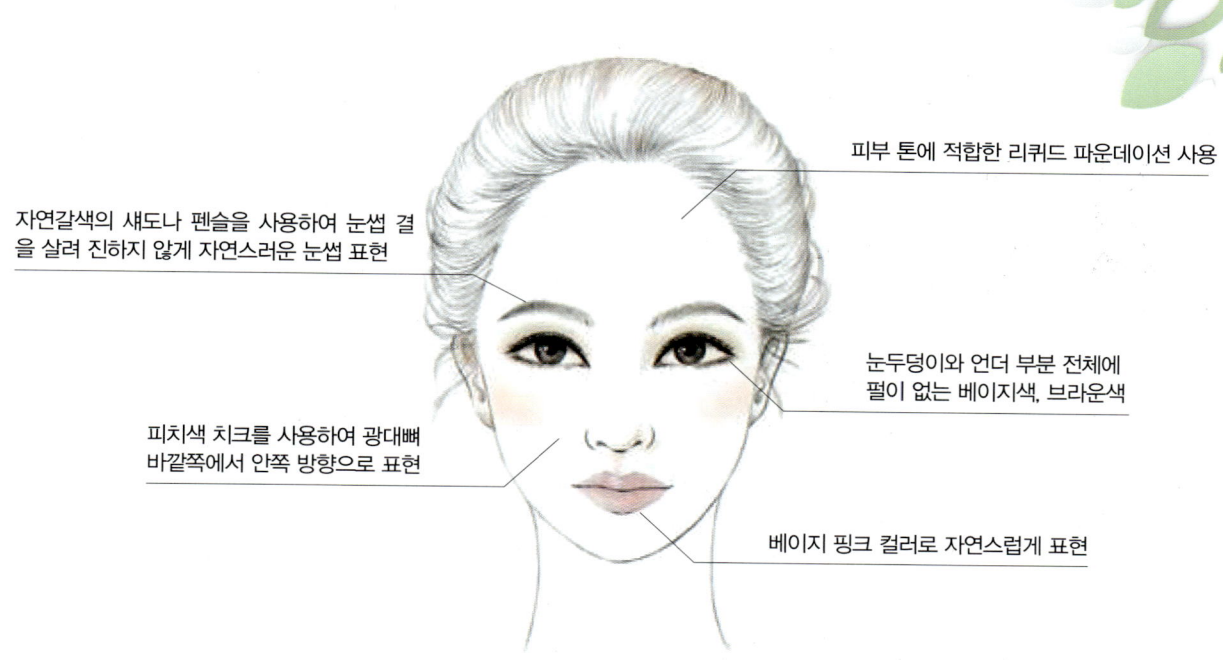

- 피부 톤에 적합한 리퀴드 파운데이션 사용
- 자연갈색의 섀도나 펜슬을 사용하여 눈썹 결을 살려 진하지 않게 자연스러운 눈썹 표현
- 눈두덩이와 언더 부분 전체에 펄이 없는 베이지색, 브라운색
- 피치색 치크를 사용하여 광대뼈 바깥쪽에서 안쪽 방향으로 표현
- 베이지 핑크 컬러로 자연스럽게 표현

3) 시술 과정

[소독하기]

① 손 소독 : 소독제를 소독솜에 뿌려 양손의 손바닥과 손등, 손가락 사이를 꼼꼼하게 닦은 후 사용한 소독솜은 위생 봉투에 버린다.

② 도구 소독 : 팔레트, 족집게, 눈썹 칼, 스패출러, 눈썹 가위와 같은 철제 도구 등은 소독제로 소독한다.

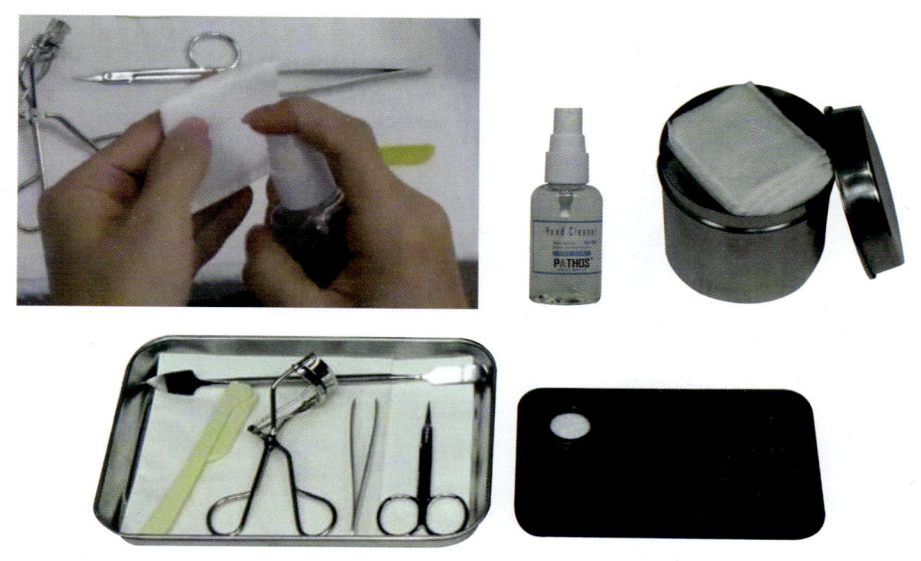

[메이크업 베이스]

> **TIP** **메이크업 베이스**
>
> - 메이크업 베이스는 모델의 피부 톤에 알맞은 색상을 선택하여 적절하게 사용하도록 한다.
> - 퍼프나 브러시를 사용하여 가볍게 발라 주며, 너무 많은 양을 사용하지 않는 것이 좋다.
> - 메이크업 팔레트에 적당량을 덜어서 사용한다.

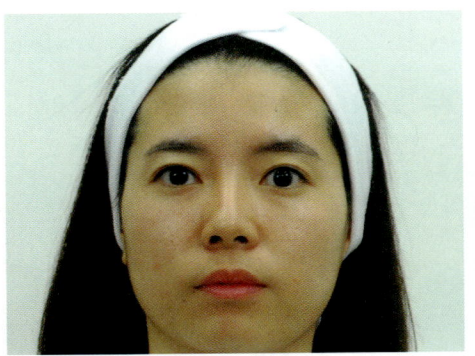

① 모델의 피부 톤을 파악하여 알맞은 베이스 컬러를 선택한다.

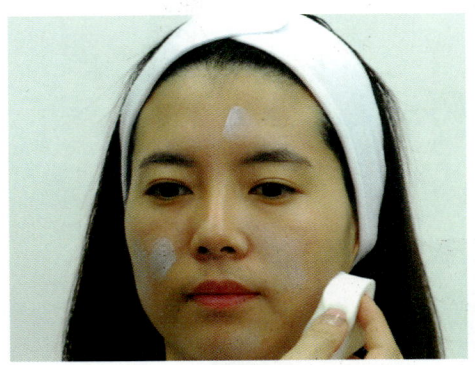

② 라텍스 퍼프 또는 베이스 브러시를 사용하여 얼굴에 찍어 준다.

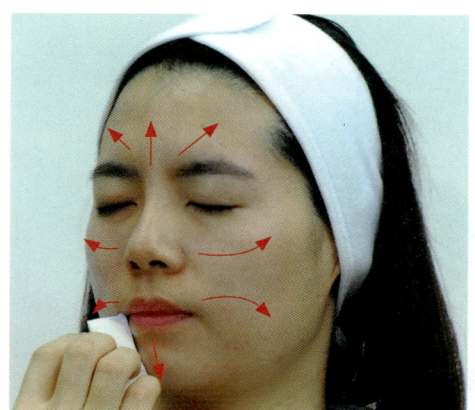

③ 모델의 얼굴 전체에 고르게 펴 바르며 두드려 준다.

[파운데이션]

① 피부 톤에 적합한 리퀴드 파운데이션을 사용하여 팔레트에 덜어 준다.

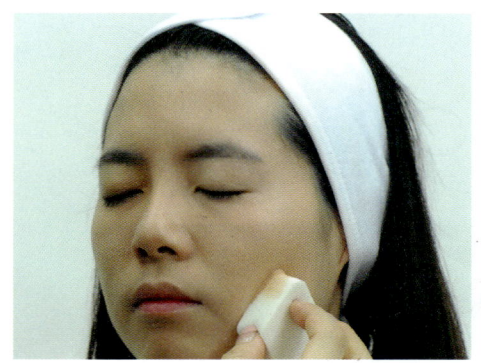

② 라텍스 퍼프나 파운데이션 브러시를 사용하여 두껍지 않게 얼굴 전체에 자연스럽게 펴 바른다.

> **TIP** **내추럴 메이크업의 파운데이션**
>
>  자연스럽고 두껍지 않은 피부 표현으로, **리퀴드 제형의 파운데이션을 선택**하여 얼굴 전체에 고르게 도포한다.

[파우더]

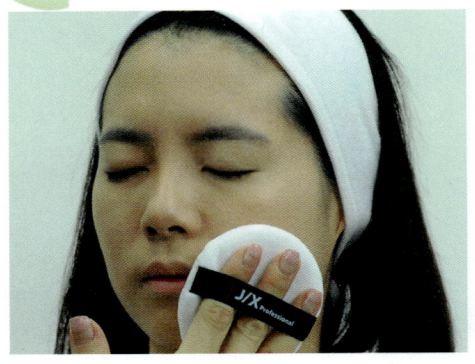

① 적당량의 투명 파우더를 퍼프 또는 파우더 브러시로 얼굴 전체에 가볍게 바른다.

[눈썹 그리기]

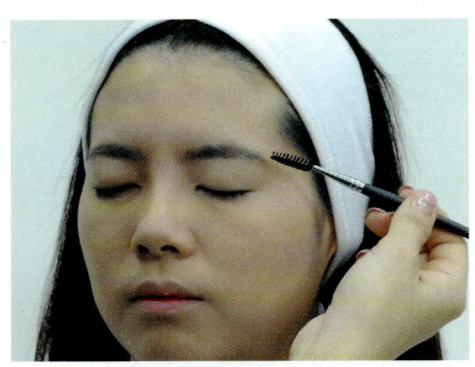

① 스크류 브러시로 눈썹 결을 빗어 주며 정돈한다.

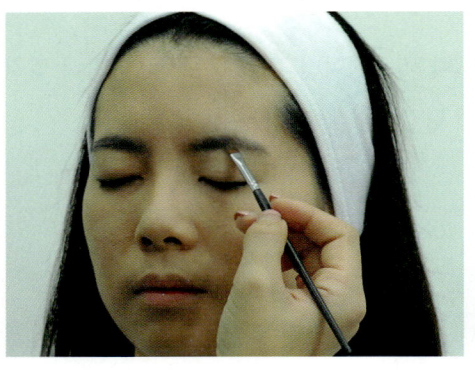

② 자연갈색의 섀도나 펜슬을 사용하여 눈썹 결을 살려 진하지 않고 자연스러운 눈썹을 표현한다.

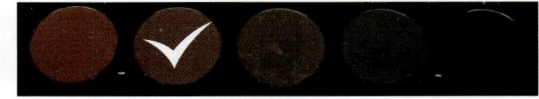

TIP 내추럴 메이크업의 눈썹

 최대한 자연스러운 브라운 컬러의 색상으로 눈썹 결을 채우듯 자연스럽게 눈썹을 표현한다.

[아이섀도]

① 눈두덩이와 언더 부분 전체에 펄이 없는 베이지색의 섀도를 바른다.

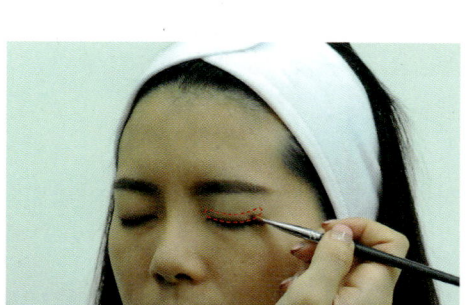

② 아이라인 주변에 브라운 섀도를 발라 위쪽으로 그러데이션 하여 펴 준다.

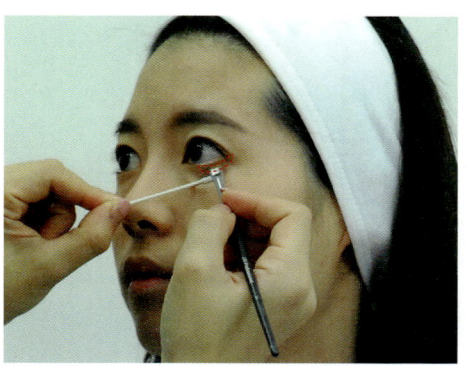

③ 언더 부분에 브라운색의 섀도를 1/2~1/3 지점까지 연결하여 색을 넣는다.

[아이라인]

① 속눈썹 사이를 브라운 컬러의 펜슬 또는 섀도로 채우듯 메워 주며 리퀴드 라이너를 사용하지 않고 아이라인이 부각되지 않도록 자연스럽게 표현한다.

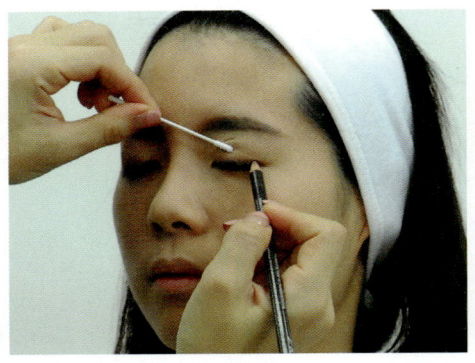 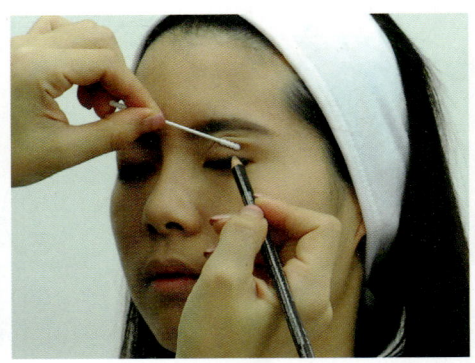

[속눈썹 표현]

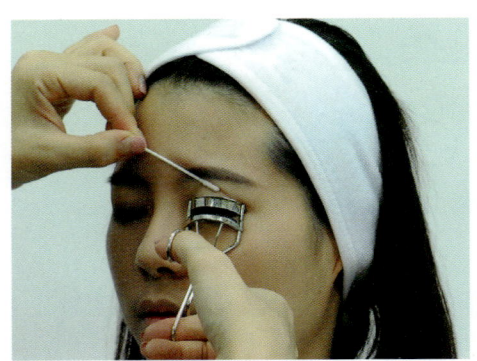

① 뷰러를 사용하여 자연 속눈썹의 컬을 집어 주어 올린다.

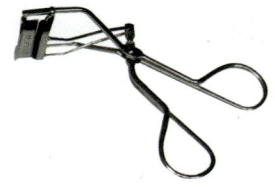

② 마스카라를 사용하여 자연 속눈썹에 자연스럽게 바른다.

> **TIP** 내추럴 속눈썹 표현 시
> **인조 속눈썹을 부착하지 않고** 컬링 후 마스카라로만 속눈썹을 표현해야 한다.

[볼 메이크업]

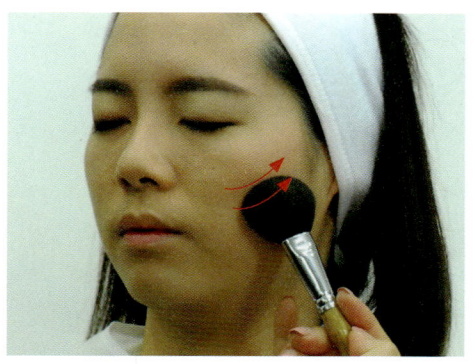

① 피치색의 치크를 사용하여 광대뼈 안쪽에서 바깥 방향으로 자연스럽게 블렌딩하여 표현한다.

[입술 표현]

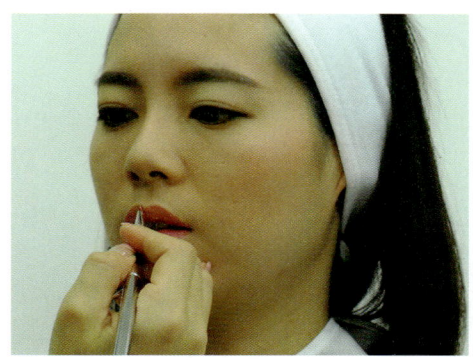

① 베이지 핑크 컬러로 자연스럽게 바른다. 립컬러가 너무 진하지 않도록 색을 자연스럽게 표현하며 립라인이 진하지 않도록 주의한다.

[마무리 및 정리]

① 종료 시간 1~2분 정도의 시간을 남기고 약간의 여유 시간을 두어 1과제의 수행 내용이 잘 되어 있는지 최종 점검을 하며, 사용했던 도구 및 테이블 정돈을 하도록 하자.

② 종료 알림 전까지 마무리 정돈을 마쳐야 하며 시험 종료 직전에 양손을 무릎에 가지런히 올려놓고 종료 시간 알림까지 대기하도록 한다.

CHAPTER 02 제2과제 : 시대 메이크업

01 그레타 가르보 메이크업 – 현대1(1930)

1. 사전 심사

1) 재료 준비 사항

① 본 과제에 필요한 재료 목록에 알맞게 모두 준비되어 있는가?

② 본 과제에 불필요한 도구 및 재료가 세팅되어 있지 않는가?

③ 작업대 위에 재료 및 도구들이 위생적으로 잘 정리되어 있는가?

④ 사전에 미리 작업을 해 오거나 재료나 도구 등에 구별을 위한 표식이 있지는 않는가?

> **TIP** 2과제 시대 메이크업 과제 준비 시 추가 준비 목록
>
> 1과제 준비 재료 + 더마왁스, 스프리트검, 리무버

2) 수험자 및 모델의 복장

① 수험자와 모델이 각 규정에 맞는 복장을 올바르게 착용하고 있는가?

② 수험자와 모델이 규정에 맞지 않는 액세서리 등을 착용하고 있지 않는가?

③ 수험자와 모델이 시험 전 사전 준비 상태가 올바르게 되어 있는가?

TIP 모델의 복장

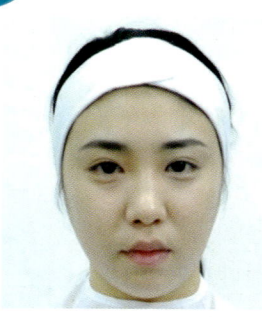

- 사전 메이크업, 뷰러 사용을 금한다.
- 헤어 염색이 되어 있는 경우 헤어 터번으로 모발 컬러를 가리도록 하며, 긴머리의 경우 잔머리가 나오지 않게 단정하게 머리끈(고무줄)을 사용하여 묶는다.
- 모델의 상의는 희색티를 입도록 하며 특정 브랜드 표식이나 문양이 없는 것을 사용하며 어깨보를 시험 준비 시간에 착용하고 대기한다.
- 액세서리 착용 불가 및 문신이 있는 경우 살색 테이프로 가리는 것이 좋다.

◀ 모델 복장

TIP 수험자의 복장

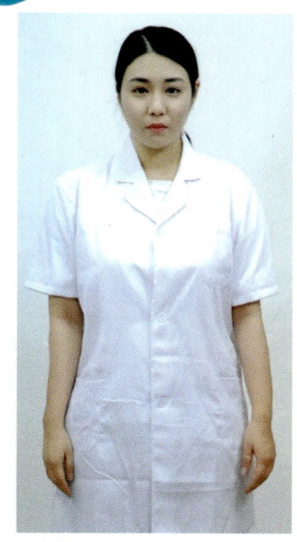

- 긴팔과 반팔의 위생가운을 착용하며 이때 속에 입는 옷은 흰색을 입도록 한다.
- 반팔일 경우 옷 밖으로 속의 옷이 나오지 않도록 하며 특정 업체명 또는 로고 등의 표기가 없도록 한다.
- 하의 복장은 대체적으로는 자율이나 너무 눈에 띄는 의상 또는 신발은 피하자.

▲ 수험자 복장

2. 본심사

1) 시술 및 숙련도

① 시술 순서를 알맞게 진행하였나?

② 시술 과정이 능숙하게 작업되었는가?

2) 메이크업 과정

① 베이스 메이크업 시술 과정

- 모델의 피부 톤에 알맞은 메이크업 베이스를 선택하여 고르게 바른다.

- 모델의 피부에 맞게 결점을 커버하여 피부 표현을 한다.
- 윤곽 수정 과정 후 피부 톤에 알맞은 파우더로 **매트하게** 표현한다.

② 아이브로 시술 과정
- 기존 눈썹은 더마왁스 등으로 **완벽하게 눈썹을 커버**하고 파운데이션을 사용하여 추가로 커버한다.
- **아치형의 가늘고 긴 형태의 눈썹**으로 표현한다.

③ 아이 메이크업 시술 과정
- **펄이 없는 브라운 계열**의 컬러로 **아이홀**을 표현하고 위로 그러데이션을 한다.
- 아이홀 안쪽 눈두덩이에 흰색에 가까운 아이보리색으로 밝게 표현한다.

④ 아이라인 시술 과정
- 속눈썹 사이를 메워서 그리고 도면과 같이 눈매를 교정한다.
- **검정 라이너**를 사용하여 눈꼬리가 길어 보이게 눈매를 연출한다.

⑤ 속눈썹 시술 과정
- 뷰러를 이용하여 자연 속눈썹을 컬링한다.
- 인조 속눈썹을 모델 눈에 맞춰 붙이고 라인을 정리해주며, 깊고 그윽한 눈매를 연출한다.
- 마스카라를 사용하여 자연 속눈썹과 인조 속눈썹을 연결한다.

⑥ 치크 및 섀딩 시술 과정
- **브라운색**으로 광대뼈 아래쪽을 강하게 표현하고 **얼굴 전체를 핑크톤**으로 가볍게 쓸어 얼굴 전체에 핑크톤이 살짝 느껴지게 표현한다.
- 얼굴 윤곽을 섀딩 컬러와 하이라이트로 입체감 있게 표현한다.

⑦ 입술 시술 과정
- 적당한 유분기를 가진 **레드 브라운 컬러**를 이용하여 **인커브 형태**로 바른다.

⑧ 전체 완성도
- 작업 완료 후 정리 정돈을 잘하여 마무리한다.
- 과제 수행 완료를 잘 완성하였는지 체크한다.

3. 과제 준비물

준비물	소독 및 위생	위생가운, 어깨보, 헤어밴드, 흰색타월, 소독제, 탈지면 용기, 화장솜
	베이스 메이크업	메이크업 베이스, 파운데이션, 페이스 파우더
	포인트 메이크업	아이섀도 팔레트, 립 팔레트, 아이라이너, 마스카라, 아이브로 펜슬(에보니), 인조 속눈썹
	기타 도구	속눈썹 접착제, 눈썹 칼, 눈썹 가위, 브러시 세트, 스펀지(퍼프), 스패출러, 분첩, 뷰러, 미용 티슈, 물티슈, 면봉, 족집게, 클렌징 제품, 더마왁스, 스프리트검 또는 실러, 리무버

4. 작업 과정

1) 심사 내용

과제 유형	시험 시간	배점	사전 심사	소독	베이스	눈썹	눈	치크	입술	완성도
그레타 가르보	40분	30점	3점	3점	3점	3점	6점	3점	3점	6점

2) 요구 사항 및 수험자 유의 사항

[요구 사항]

① 과제를 수행하기 전 수험자의 손 및 도구류를 소독한 후 제시된 도면을 참고하여 그레타 가르보 메이크업 스타일을 연출하시오.
② 모델의 피부 톤에 적합한 메이크업 베이스를 선택하여 얇고 고르게 펴 바르시오.
③ 눈썹은 파운데이션(또는 눈썹 왁스 및 실러) 등을 사용하여 도면과 같이 완벽하게 커버하시오.
④ 모델의 피부 톤에 맞춰 결점을 커버하여 깨끗하게 피부 표현을 하시오.
⑤ 섀딩과 하이라이트로 윤곽 수정 후 파우더로 매트하게 마무리하시오.
⑥ 눈썹은 아치형으로 그려 그레타 가르보의 개성이 돋보이게 표현하시오.
⑦ 아이섀도의 표현은 도면과 같이 모델의 눈두덩이에 펄이 없는 갈색 계열의 컬러를 이용하여 아이홀을 그리고 그러데이션 하시오.
⑧ 아이라인은 속눈썹 사이를 메워서 그리고 도면과 같이 눈매를 교정하시오.
⑨ 뷰러를 이용하여 자연 속눈썹을 컬링하시오.
⑩ 인조 속눈썹은 모델 눈에 맞춰 붙이고, 깊고 그윽한 눈매를 연출하시오.
⑪ 치크는 브라운 색으로 광대뼈 아래쪽을 강하게 표현하고 얼굴 전체를 핑크톤으로 가볍게 쓸어 표현하시오.
⑫ 적당한 유분기를 가진 레드 브라운 립 컬러를 이용하여 인커브 형태로 바르시오.

[수험자 유의 사항]

① 모델은 문신(눈썹, 아이라인, 입술 등), 속눈썹 연장 및 메이크업이 되어 있지 않은 상태이어야 한다.
② 스패츌러, 속눈썹 가위, 족집게, 눈썹 칼 등의 도구류를 사용 전 소독제로 소독해야 한다.
③ 메이크업 베이스, 파운데이션을 펴 바를 때 스펀지 퍼프 또는 브러시를 사용하시오.
④ 아이섀도, 치크, 립 등의 표현 시 브러시 등 적합한 도구를 사용하시오.
⑤ 화장품은 요구 사항에 지정된 제형 외에는 타입에 상관없이 자유롭게 사용하시오.

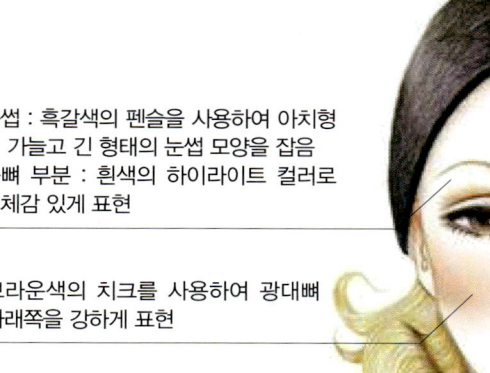

- 눈썹 : 흑갈색의 펜슬을 사용하여 아치형의 가늘고 긴 형태의 눈썹 모양을 잡음
- 눈뼈 부분 : 흰색의 하이라이트 컬러로 입체감 있게 표현

브라운색의 치크를 사용하여 광대뼈 아래쪽을 강하게 표현

눈썹 커버 : 더마왁스를 소량 덜어 눈썹모 부분에 스패출러를 사용하여 얇게 누르며 도포

- 펄감이 없는 브라운색의 섀도를 아이홀 부분에 얇은 브러시로 라인을 잡은 후 위로 그러데이션
- 눈두덩이 부분은 흰색에 가까운 밝은 아이보리색으로 밝게 표현

아이라인 : 꼬리 부분을 연장하여 꼬리를 길게 표현

레드 브라운의 립컬러로 인커브 형태의 입술로 표현

3) 시술 과정

[소독하기]

① 손 소독 : 소독제를 소독솜에 뿌려 양손의 손바닥과 손등, 손가락 사이를 꼼꼼하게 닦은 후 사용한 소독솜은 위생 봉투에 버린다.

② 도구 소독 : 팔레트, 족집게, 눈썹 칼, 스패출러, 눈썹 가위와 같은 철제 도구 등은 소독제로 소독한다.

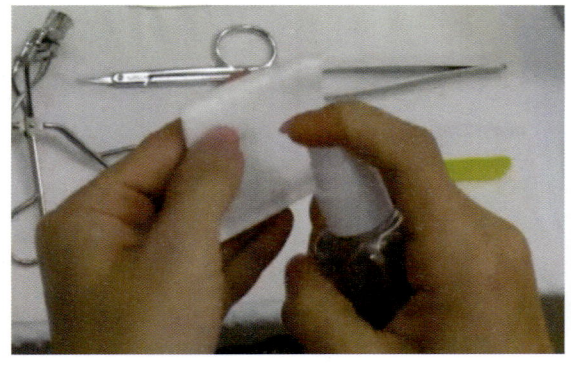  

[메이크업 베이스]

> **TIP** **메이크업 베이스**
> - 메이크업 베이스는 모델의 피부 톤에 알맞은 색상을 선택하여 적절하게 사용하도록 한다.
> - 퍼프나 브러시를 사용하여 가볍게 발라 주며, 너무 많은 양을 사용하지 않는 것이 좋다.
> - 메이크업 팔레트에 적당량을 덜어서 사용한다.

① 모델의 피부 톤을 파악하여 알맞은 베이스 컬러를 선택한다.

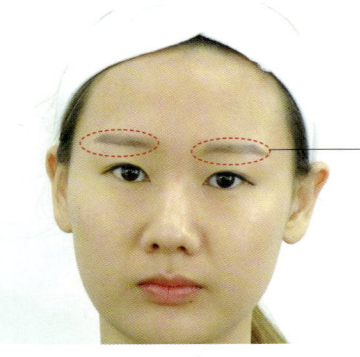

베이스를 바를 때 눈썹 커버 왁스 작업을 위해 눈썹 부위를 피하여 도포

② 라텍스 퍼프 또는 베이스 브러시를 사용하여 얼굴에 찍어 준다.

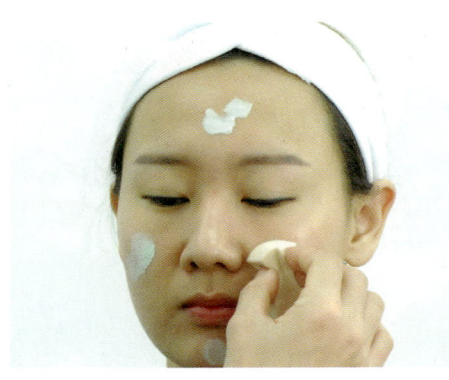

③ 모델의 얼굴 전체에 고르게 펴 바르며 두드려 준다.

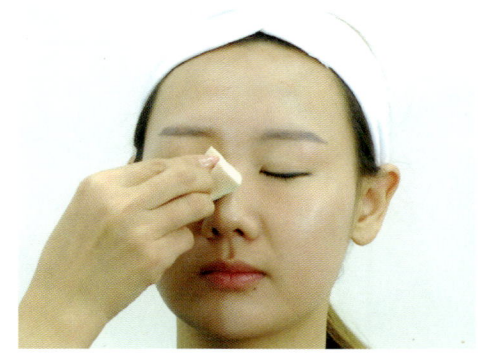

[눈썹 커버]

① 더마왁스를 소량 덜어 스패출러를 사용하여 눈썹모 부분에 얇게 누르며 펴 바른다.

② 더마왁스를 바른 눈썹 부위에 스프리트검 또는 실러를 얇게 발라 준다.

TIP 눈썹 표현

눈썹모가 두껍거나 숱이 많은 경우 스패출러로 눈썹 결 방향으로 더마왁스의 양을 조절하여 두껍지 않게 충분히 눌러 주며, 스프리트검을 발라 눈썹모 방향으로 결이 뜨지 않도록 붙여 준다.

Part 4_ 제2과제 : 시대 메이크업 ◀◀◀ 135

> **TIP** 눈썹 커버 과정의 핵심
> - 눈썹을 결 방향대로 빗어준다.
> - 스패출러로 왁스를 소량 덜어낸다.
> - 왁스가 딱딱할 경우 살짝 반죽하여 주물러 유연하게 만든다.
> - 스패출러를 이용하여 눈썹 결 방향으로 납작하게 누르며 얇게 펴 바른다.
> - 눈썹 사이를 채우듯 메워 주고 눈썹 부위의 피부가 두꺼워지지 않도록 펴 바른다.
> - 왁스를 바른 뒤 표면을 보호하기 위해 실러 또는 스프리트검을 얇게 발라 준다.

[파운데이션]

> **TIP** 파운데이션
> - 모델의 피부 톤에 맞는 파운데이션을 팔레트에 적당량 덜어 파운데이션 브러시 또는 라텍스 퍼프 등을 이용하여 얼굴 전체에 고르게 바르고 눈썹을 커버한다.
> - 피부 결점을 커버하고 피부 표현을 깨끗하게 한다.
> - 눈썹을 커버한 부분에 파운데이션을 사용하여 꼼꼼하고 완벽하게 커버하며, 상황에 따라서는 컨실러를 사용한다.

① 피부 톤보다 한 톤 정도 밝은색의 파운데이션을 사용하여 적당량을 팔레트에 덜어 준다.

② 라텍스 퍼프를 사용하여 얼굴 전체에 바른다.

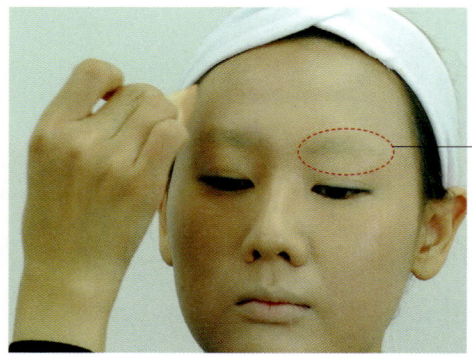

눈썹 커버를 한 부분에 파운데이션을 바를 때는 커버 부분이 벗겨지지 않도록 퍼프를 세게 문지르지 않도록 주의해야 하며, 컨실러를 사용하여 깔끔하게 베이스가 발릴 수 있도록 커버

③ 얼굴형에 알맞은 섀딩과 하이라이트를 넣어 준다.

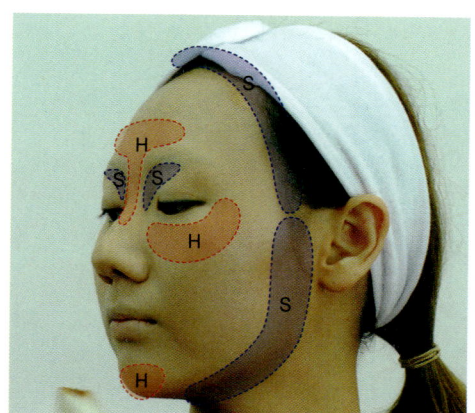

TIP 하이라이트와 섀딩

하이라이트(H)	피부 톤보다 1~2톤 정도 밝은 톤으로 표현	
섀딩(S)	피부 톤보다 1~2톤 정도 어두운 톤으로 표현	

TIP 하이라이트&섀딩

- 하이라이트 : T존 부위와 Y존 부위, 턱끝 부위에 하이라이트를 준다.
- 섀딩 : 헤어라인, 광대뼈, 턱라인, 코벽 부위에 섀딩을 주어 윤곽 수정을 표현한다.

[파우더]

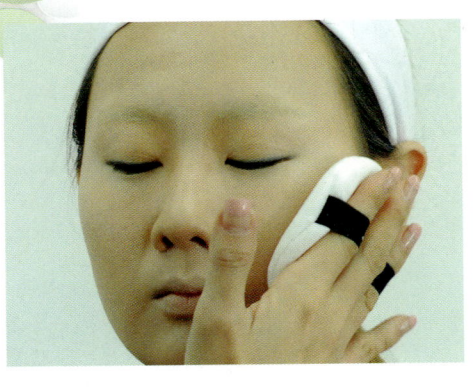

① 파우더를 얼굴 전체에 매트하게 고루 바른다.

[눈썹 그리기]

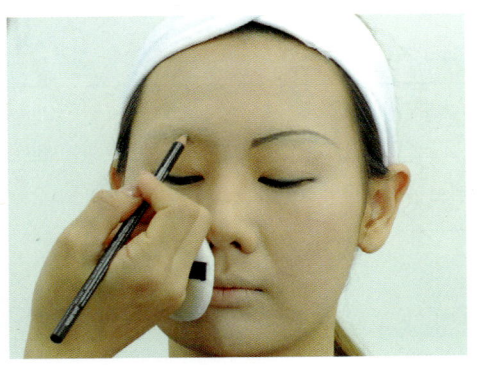

① 흑갈색의 펜슬을 사용하여 아치형의 가늘고 긴 형태의 눈썹 모양을 잡는다.

② 흑갈색 섀도를 아이브로 브러시로 색을 덧입히며 앞머리 부분에 그러데이션을 한다.

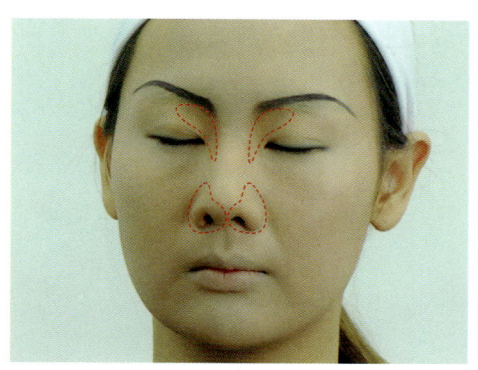

③ 눈썹 앞머리와 코벽을 연결하는 노즈섀딩을 넣어 음영을 만들고 콧대를 세운다.

TIP 그레타 가르보의 표현

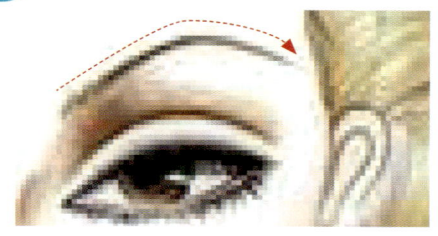

- 그레타 가르보 눈썹의 특징을 살려 눈썹 산이 각지지 않도록 주의하며 눈썹이 두껍지 않고 가늘고 긴 형태로 표현한다.
- 눈썹의 위치는 기존 눈썹을 가린 위치에서 위로 조금 올려 과장된 눈썹의 형태로 표현한다.
- 눈썹의 가이드 라인을 먼저 잡아 형태를 잡은 후 그려 주는 것이 표현에 용이하다.

[아이섀도]

① 눈두덩이 전체에 흰색에 가까운 밝은 베이지색의 섀도를 눈 전체 아이베이스로 깔아 준다.

② 펄감이 없는 브라운색의 섀도를 아이홀 부분에 얇은 브러시로 라인을 잡아 준 후 위로 그러데이션 한다.

③ 홀 안쪽의 동공 부분과 눈뼈 하이라이트 부분에 흰색에 가까운 밝은 아이보리색으로 밝게 표현한다.

④ 언더 부분에 브라운색의 섀도를 1/2~1/3 지점까지 연결하여 색을 넣는다.

> **TIP** 아이섀도 사용 시 주의사항
> - 펄감이 없는 브라운색 계열의 아이섀도를 사용한다.
> - 아이홀 윗부분 방향으로 갈색 섀도를 그러데이션으로 표현하여 아이홀에 깊이감을 준다.
> - 눈두덩과 눈썹 뼈 부위에 흰색 섀도로 하이라이트를 준다.
> - 아이홀과 노즈섀도의 색상이 자연스럽게 연결되어 눈 부위의 음영이 표현될 수 있도록 한다.

[아이라인]

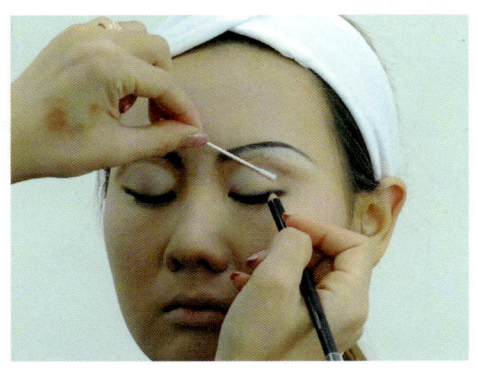

① 검정 펜슬로 속눈썹 사이사이를 메우며 점막과 속눈썹 사이를 채운다.

② 아이라인 부분을 연장하여 길게 그리며 또렷하게 보이도록 그려 준다.

[속눈썹 표현]

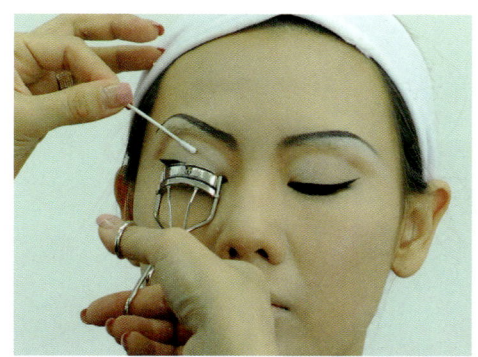

① 뷰러를 사용하여 자연 속눈썹의 컬을 집어 주어 올린다.

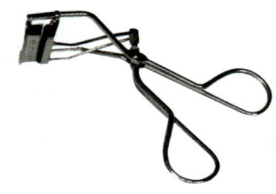

② 인조 속눈썹에 글루를 바른 후 아이라인을 따라 눈매에 맞추어 부착한다. 그레타 가르보의 인조 속눈썹은 길고 풍성하며 그윽한 눈매를 표현한다.

③ 리퀴드 라이너로 속눈썹을 붙인 부분의 라인을 정리하고 꼬리 부분을 연장하여 꼬리를 빼 준다.

④ 마스카라를 사용하여 자연 속눈썹에 인조 속눈썹이 자연스럽게 연결될 수 있도록 바른다.

[볼 메이크업]

① 브라운색의 치크를 사용하여 광대뼈 아래쪽을 강하게 표현한다.

② 핑크톤으로 얼굴 전체를 가볍게 쓸어 주어 표현한다.

[입술 표현]

① 레드 브라운의 립 컬러로 인커브 형태의 입술을 표현한다.

② 립글로스로 약간의 광택을 준다. 그레타 가르보의 입술은 윗입술이 얇고 인커브 형태의 입술로 표현해 준다.

[완성]

[마무리 및 정리]

① 종료 시간 1~2분 정도의 시간을 남기고 약간의 여유 시간을 두어 2과제의 수행 내용이 잘 되어 있는지 최종 점검을 하며, 사용했던 도구 및 테이블 정돈을 하도록 하자.

② 종료 알림 전까지 마무리 정돈을 마쳐야 하며 시험 종료 직전에 양손을 무릎에 가지런히 올려놓고 종료 시간 알림까지 대기하도록 한다.

[2과제 종료 후 정리 및 3과제 사전 준비]

① 2과제 종료 후 수험자와 모델은 3과제 준비를 하도록 한다.

② 2과제 추가 재료인 더마왁스, 스프리트검, 글루리무버는 가방에 넣어 세팅하지 않도록 한다.

③ 사용한 파우더 퍼프는 교체하고 메이크업 브러시 등을 정리한다.

④ 사용했던 투명 비닐은 새것으로 교체하여 준비한다.

⑤ 수험자와 모델의 복장을 재점검하고 3과제 사전 심사 및 과제 발표 등을 대기하도록 한다.

⑥ 아쿠아 물감 사용자의 경우 아쿠아 물감, 아쿠아 브러시, 물통 등 캐릭터 메이크업 수행 과제에 필요한 재료를 사전에 준비하도록 한다.

[모델 준비]

① 2과제 종료 후 신속히 메이크업을 클렌징하도록 한다.

② 클렌징이 쉬운 제품을 사용하여 빠르게 클렌징한다.

③ 3과제 준비를 위해 스킨, 로션(크림) 단계까지 기초화장을 마친 후 바른 자세로 대기하도록 한다.

02 마릴린 먼로 메이크업 – 현대2(1950)

1. 사전 심사

1) 재료 준비 사항
① 본 과제에 필요한 재료 목록에 알맞게 모두 준비되어 있는가?
② 본 과제에 불필요한 도구 및 재료가 세팅되어 있지 않은가?
③ 작업대 위에 재료 및 도구들이 위생적으로 잘 정리되어 있는가?
④ 사전에 미리 작업을 해 오거나 재료나 도구 등에 구별을 위한 표식이 있지는 않는가?

2) 수험자 및 모델의 복장
① 수험자와 모델이 각 규정에 맞는 복장을 올바르게 착용하고 있는가?
② 수험자와 모델이 규정에 맞지 않는 액세서리 등을 착용하고 있지 않은가?
③ 수험자와 모델이 시험 전 사전 준비 상태가 올바르게 되어 있는가?

2. 본심사

1) 시술 및 숙련도
① 시술 순서를 알맞게 진행하였나?
② 시술 과정이 능숙하게 작업되었는가?

2) 메이크업 과정
① 베이스 메이크업 시술 과정
- 모델의 피부 톤에 알맞은 메이크업 베이스를 선택하여 고르게 바른다.
- 핑크톤의 파운데이션을 사용하여 모델의 피부 톤보다 한 톤 밝게 피부 표현을 한다.
- 윤곽 수정 과정 후 **핑크톤의 파우더로 매트하게** 표현한다.

② 아이브로 시술 과정
- **각진 형**의 형태로 눈썹을 표현한다.
- **브라운 컬러**를 사용하여 미간이 좁지 않게 표현한다.

③ 아이 메이크업 시술 과정
- **핑크와 베이지** 계열의 컬러를 이용하여 아이홀을 표현하고 그러데이션 한다.

- 아이홀 안쪽 눈두덩이를 **흰색**으로 밝게 표현한다.

④ 아이라인 시술 과정
- 속눈썹 사이를 메워서 그리고 도면과 같이 눈매를 교정한다.
- **검정 라이너**를 사용하여 눈꼬리가 길어 보이게 눈매를 연출한다.

⑤ 속눈썹 시술 과정
- 뷰러를 이용하여 자연 속눈썹을 컬링한다.
- 인조 속눈썹은 눈꼬리 부분을 살짝 아래로 내리듯 붙이고 라인을 정리한다.
- 마스카라를 사용하여 자연 속눈썹과 인조 속눈썹을 연결한다.

⑥ 치크 시술 과정
- **핑크색**으로 광대뼈보다 아래쪽에서 **구각을 향해 사선으로** 표현하고, 얼굴 전체를 핑크톤으로 가볍게 쓸어 **얼굴 전체에 핑크톤**이 살짝 느껴지게 표현한다.
- 얼굴 윤곽을 섀딩 컬러와 하이라이트로 입체감을 표현한다.

⑦ 입술 시술 과정
- 적당한 유분기를 가진 **레드 컬러**를 이용하여 **아웃커브** 형태로 바른다.
- 입술 옆의 **왼쪽** 부분에 **점**을 표현한다(콧방울과 동공 시작 지점 아래로 만나는 지점).

⑧ 전체 완성도
- 작업 완료 후 정리 정돈을 잘하여 마무리한다.
- 과제 수행 완료를 잘 완성하였는지 체크한다.

3. 과제 준비물

준비물	소독 및 위생	위생가운, 어깨보, 헤어밴드, 흰색타월, 소독제, 탈지면 용기, 화장솜
	베이스 메이크업	메이크업 베이스, 파운데이션, 페이스 파우더
	포인트 메이크업	아이섀도 팔레트, 립 팔레트, 아이라이너, 마스카라, 아이브로 펜슬(에보니), 인조 속눈썹
	기타 도구	속눈썹 접착제, 눈썹 칼, 눈썹 가위, 브러시 세트, 스펀지(퍼프), 스패츌러, 분첩, 뷰러, 미용티슈, 물티슈, 면봉, 족집게, 클렌징 제품, 더마왁스, 스프리트검 또는 실러, 리무버

4. 작업 과정

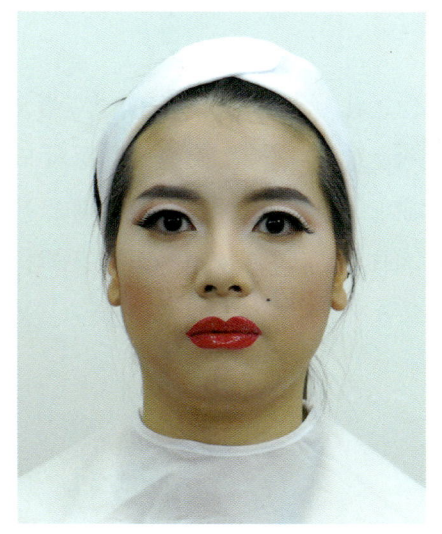

1) 심사 내용

과제 유형	시험 시간	배점	사전 심사	소독	베이스	눈썹	눈	치크	입술	완성도
마를린 먼로	40분	30점	3점	3점	3점	3점	6점	3점	3점	6점

[요구 사항]

① 과제를 수행하기 전 수험자의 손 및 도구류를 소독한 후 제시된 도면을 참고하여 마릴린 먼로 메이크업 스타일을 연출하시오.
② 모델의 피부 톤에 적합한 메이크업 베이스를 선택하여 얇고 고르게 펴 바르시오.
③ 모델의 피부 톤보다 밝은 핑크 톤의 파운데이션으로 표현하시오.
④ 섀딩과 하이라이트로 윤곽 수정 후 파우더로 매트하게 마무리하시오.
⑤ 눈썹은 브라운색의 양 미간이 좁지 않은 각진 눈썹으로 표현하시오.
⑥ 아이섀도는 모델의 눈두덩이를 중심으로 핑크와 베이지 계열의 컬러를 이용하여 아이홀을 표현하고 그러데이션 하시오.
⑦ 아이홀 안쪽 눈꺼풀에 화이트 색상으로 입체감을 주고 언더에는 베이지 계열의 섀도를 바르시오.
⑧ 아이라인은 속눈썹 사이를 메워서 그리고 도면과 같이 아이라인을 길게 뺀 형태의 눈매를 표현하시오.
⑨ 뷰러를 이용하여 자연 속눈썹을 컬링하시오.
⑩ 인조 속눈썹은 모델의 눈보다 길게 뒤로 빼서 붙여주고 깊고 그윽한 눈매를 표현하시오.
⑪ 치크는 핑크톤으로 광대뼈보다 아래쪽에서 구각을 향해 사선으로 바르시오.
⑫ 적당한 유분기를 가진 레드 립 컬러를 아웃커브 형태로 바르시오.
⑬ 도면과 같이 마릴린 먼로의 개성이 돋보이는 점을 그리시오.

[수험자 유의 사항]

① 모델은 문신(눈썹, 아이라인, 입술 등), 속눈썹 연장 및 메이크업이 되어 있지 않은 상태이어야 한다.
② 스패출러, 속눈썹 가위, 족집게, 눈썹 칼 등의 도구류를 사용 전 소독제로 소독해야 한다.
③ 메이크업 베이스, 파운데이션을 펴 바를 때 스펀지 퍼프 또는 브러시를 사용하시오.
④ 아이섀도, 치크, 립 등의 표현 시 브러시 등 적합한 도구를 사용하시오.
⑤ 화장품은 요구 사항에 지정된 제형 외에는 타입에 상관없이 자유롭게 사용하시오.

- 핑크톤 파운데이션, 핑크 파우더
- 아이홀 : 핑크색 베이지 계열
- 홀 안쪽 : 흰색으로 밝게 표현
- 핑크색으로 광대뼈 아래쪽에서 구각쪽 방향으로 사선으로 표현
- 레드브라운의 립컬러로 인커브 형태로 표현
- 각진 형태의 브라운색의 눈썹 형태
- 하이라이트는 눈뼈 부분에 흰색으로 밝게 표현
- 꼬리를 길게 그려 주며 꼬리쪽으로 살짝 두께감 있게 표현(위로 올라가지 않도록 주의)
- 점 표현은 콧방울과 동공 시작 지점 아래로 만나는 지점에 라이너 또는 검은색 펜슬로 표현

3) 시술 과정

[소독하기]

① 손 소독 : 소독제를 소독솜에 뿌려 양손의 손바닥과 손등, 손가락 사이를 꼼꼼하게 닦은 후 사용한 소독솜은 위생 봉투에 버린다.

② 도구 소독 : 팔레트, 족집게, 눈썹 칼, 스패출러, 눈썹 가위와 같은 철제 도구 등은 소독제로 소독한다.

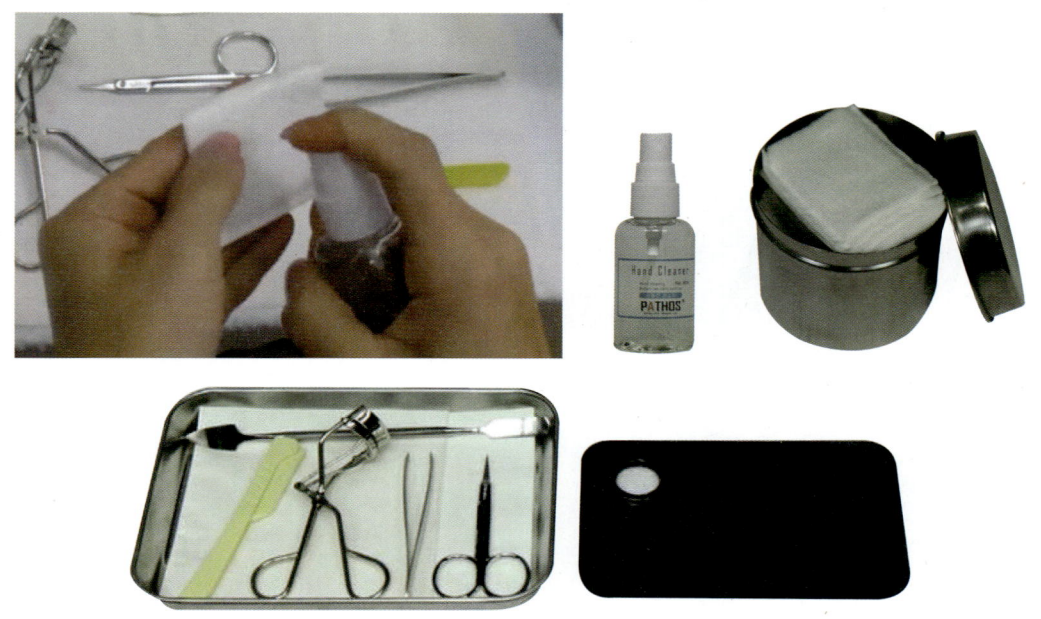

[메이크업 베이스]

> **TIP** 메이크업 베이스
> • 메이크업 베이스는 모델의 피부 톤에 알맞은 색상을 선택하여 적절하게 사용하도록 한다.
> • 퍼프나 브러시를 사용하여 가볍게 발라 주며, 너무 많은 양을 사용하지 않는 것이 좋다.
> • 메이크업 팔레트에 적당량을 덜어서 사용한다.

① 모델의 피부 톤을 파악하여 알맞은 베이스 컬러를 선택한다.

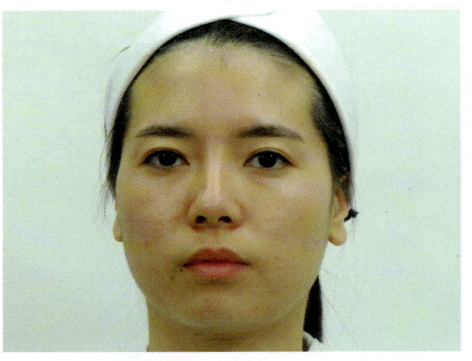
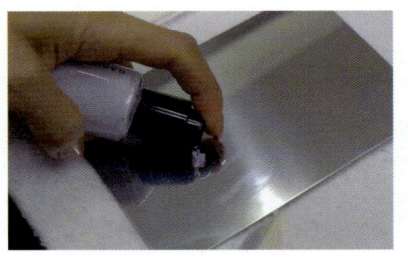

② 라텍스 퍼프 또는 베이스 브러시를 사용하여 얼굴에 찍어 준다.

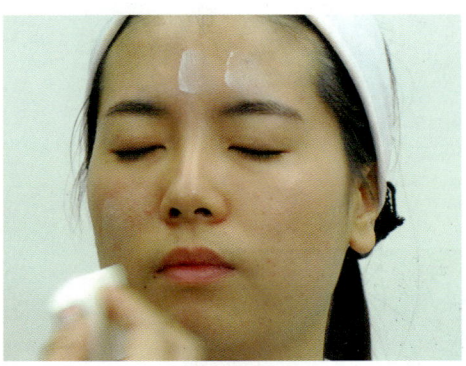

[파운데이션]

① 피부 톤보다 한 톤 정도 밝은색의 핑크 파운데이션을 사용하여 팔레트에 덜어 준다.

② 라텍스 퍼프를 사용하여 얼굴 전체에 바른다.

③ 얼굴형에 알맞은 섀딩과 하이라이트를 넣어 준다.

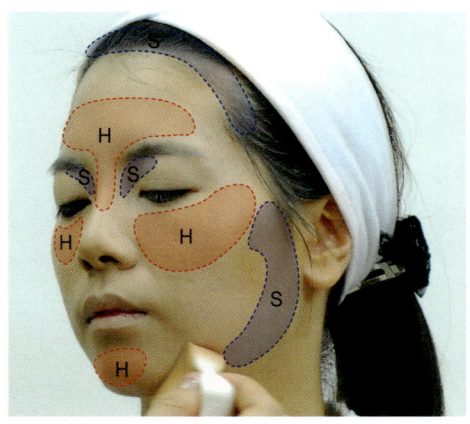

TIP	하이라이트와 섀딩		
하이라이트(H)	피부 톤보다 1~2톤 정도 밝은 톤으로 표현		
섀딩(S)	피부 톤보다 1~2톤 정도 어두운 톤으로 표현		

[파우더]

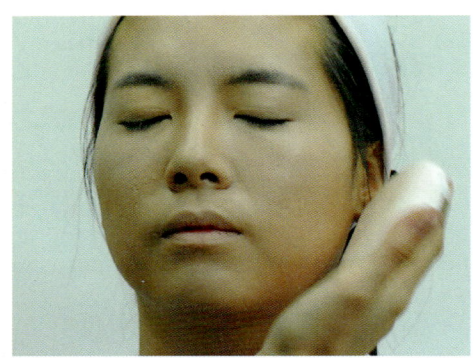

① 핑크톤의 파우더를 얼굴 전체에 매트하게 고루 바른다.

[눈썹 그리기]

① 브라운색의 펜슬을 사용하여 각진 형태의 눈썹 모양을 잡는다.

② 브라운 섀도를 아이브로 브러시로 색을 덧입히며 앞머리 부분에 그러데이션을 한다.

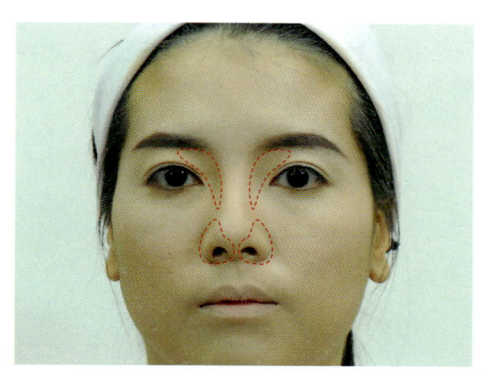

③ 눈썹 앞머리와 코벽을 연결하는 노즈섀딩을 넣어 음영을 만들고 콧대를 세운다.

[아이섀도]

① 눈두덩이 전체에 흰색에 가까운 밝은 베이지색의 섀도를 눈 전체 아이베이스로 깔아 준다.

② 핑크와 베이지 계열 섀도를 아이홀 부분에 얇은 브러시로 라인을 잡아 준 후 위로 그러데이션 한다.

③ 홀 안쪽의 동공 부분 눈꺼풀은 흰색으로 밝게 표현한다.

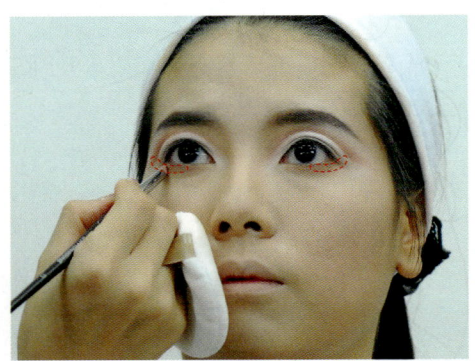

④ 언더 부분에 베이지색의 섀도를 1/2~1/3 지점까지 연결하여 색을 넣는다.

[아이라인]

① 검정 펜슬로 속눈썹 사이사이를 메워 주며 점막과 속눈썹 사이를 채운다.

[속눈썹 표현]

① 뷰러를 사용하여 자연 속눈썹의 컬을 집어 주어 올린다.

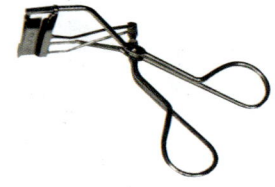

② 인조 속눈썹에 글루를 바른 후 아이라인을 따라 눈매에 맞추어 부착한다.

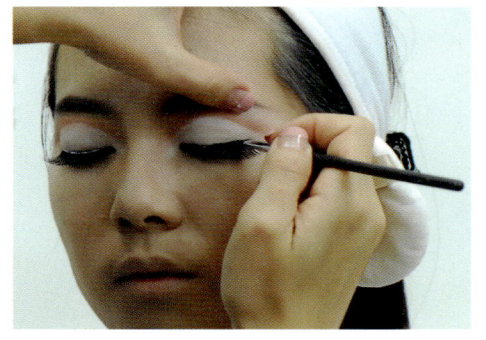

③ 속눈썹을 붙인 부분의 라인을 정리하고 꼬리 부분을 연장하여 길게 빼 준다. 꼬리는 위로 올라가지 않도록 한다.

> **TIP 마릴린 먼로의 속눈썹**
> 꼬리 부분을 올리지 않고 뒤로 살짝 내려 부착하여 눈꼬리가 내려간 듯 길어 보이게 표현한다.

④ 마스카라를 사용하여 자연 속눈썹에 인조 속눈썹이 자연스럽게 연결될 수 있도록 바른다.

[볼 메이크업]

① 핑크색의 치크를 사용하여 광대뼈 아래쪽에서 구각쪽 방향으로 사선으로 바른다.

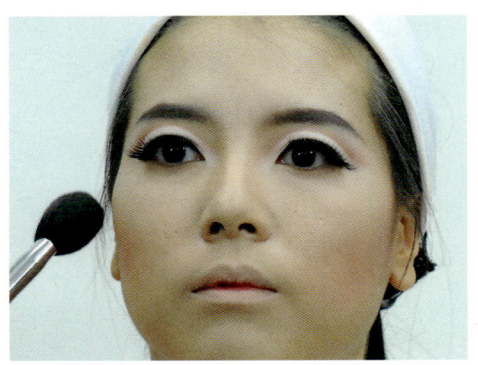

② 핑크톤으로 얼굴 윤곽 부분을 자연스럽게 그러데이션 하여 펴 준다.

[입술 표현]

① 레드 컬러의 립으로 아웃커브 형태의 입술을 표현한다.

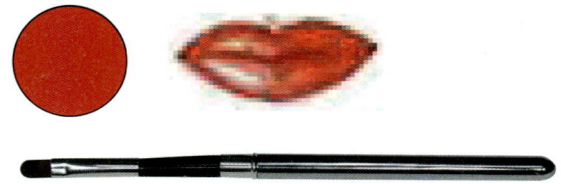

② 립글로스로 약간의 광택을 준다.

[점 찍기]

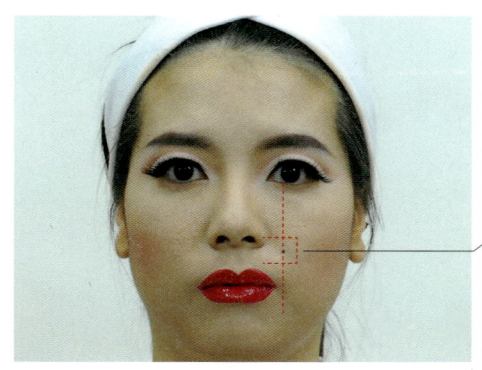

① 콧방울과 동공 시작 지점 아래로 만나는 지점에 마릴린 먼로의 개성이 돋보이는 점을 라이너 또는 검정 펜슬로 찍어준다.

— 인중이 있는 선상의 중간 위로 점 찍기

[완성]

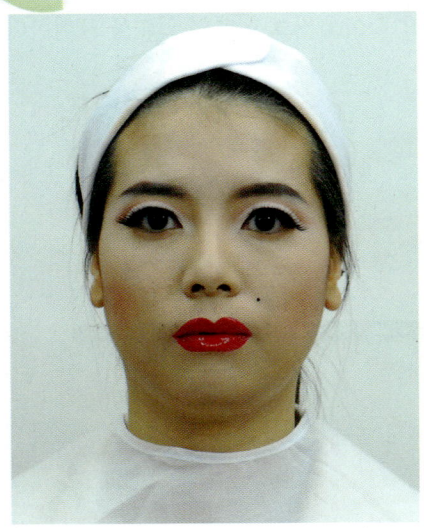

[마무리 및 정리]

① 종료 시간 1~2분 정도의 시간을 남기고 약간의 여유 시간을 두어 2과제의 수행 내용이 잘 되어 있는지 최종 점검을 하며, 사용했던 도구 및 테이블 정돈을 하도록 하자.

② 종료 알림 전까지 마무리 정돈을 마쳐야 하며 시험 종료 직전에 양손을 무릎에 가지런히 올려놓고 종료 시간 알림까지 대기하도록 한다.

03 트위기 메이크업 – 현대3(1960)

1. 사전 심사

1) 재료 준비 사항

① 본 과제에 필요한 재료 목록에 알맞게 모두 준비되어 있는가?
② 본 과제에 불필요한 도구 및 재료가 세팅되어 있지 않는가?
③ 작업대 위에 재료 및 도구들이 위생적으로 잘 정리되어 있는가?
④ 사전에 미리 작업을 해 오거나 재료나 도구 등에 구별을 위한 표식이 있지는 않는가?

2) 수험자 및 모델의 복장

① 수험자와 모델이 각 규정에 맞는 복장을 올바르게 착용하고 있는가?
② 수험자와 모델이 규정에 맞지 않는 액세서리 등을 착용하고 있지 않는가?
③ 수험자와 모델이 시험 전 사전 준비 상태가 올바르게 되어 있는가?

2. 본심사

1) 시술 및 숙련도

① 시술 순서를 알맞게 진행하였나?
② 시술 과정이 능숙하게 작업되었는가?

2) 메이크업 과정

① 베이스 메이크업 시술 과정
  - 모델의 피부 톤에 알맞은 메이크업 베이스를 선택하여 고르게 바른다.
  - 모델의 피부 톤에 맞는 **리퀴드 또는 크림 파운데이션으로 얇고 가볍게** 피부 표현을 한다.
  - 윤곽 수정 과정 후 피부 톤에 알맞은 파우더로 자연스럽게 표현한다.

② 아이브로 시술 과정

  자연스러운 **브라운** 컬러로 **눈썹 산을 강조**하여 **각진 형**의 눈썹으로 그린다.

③ 아이 메이크업 시술 과정
  - 화이트 베이스 컬러로 베이스를 깔아 준다.
  - **핑크, 네이비, 그레이, 어두운 청색** 등을 사용하여 인위적인 쌍꺼풀 라인을 표현한다.
  - 쌍꺼풀 라인과 아이라인의 선을 선명하게 강조하여 그러데이션 한다.

- 화이트로 쌍꺼풀 안쪽 및 눈썹 아래 부위를 하이라이트 처리한다.

④ 아이라인 시술 과정

　속눈썹 사이를 메우고 라인은 **선명하게** 그리며 **눈꼬리가 올라가지 않도록** 표현한다.

⑤ 속눈썹 시술 과정
- 뷰러를 이용하여 자연 속눈썹을 컬링한다.
- 인조 속눈썹은 인형의 눈과 같이 뾰족한 느낌의 속눈썹으로 붙인다.
- 언더 부분에 **가닥 속눈썹**을 붙이거나 라이너로 그려 준다.

⑥ 치크 시술 과정
- **핑크 및 라이트 브라운**색을 **애플존 위치에 둥근 느낌**으로 바른다.
- 윤곽에 맞게 섀딩과 하이라이트를 표현한다.

⑦ 입술 시술 과정

　베이지 핑크색의 립 컬러를 자연스럽게 발라 준다.

⑧ 전체 완성도
- 작업 완료 후 정리 정돈을 잘하여 마무리한다.
- 과제 수행 완료를 잘 완성하였는지 체크한다.

3. 과제 준비물

준비물	소독 및 위생	위생가운, 어깨보, 헤어밴드, 흰색타월, 소독제, 탈지면 용기, 화장솜
	베이스 메이크업	메이크업 베이스, 파운데이션, 페이스 파우더
	포인트 메이크업	아이섀도 팔레트, 립 팔레트, 아이라이너, 마스카라, 아이브로 펜슬(에보니), 인조 속눈썹
	기타 도구	속눈썹 접착제, 눈썹 칼, 눈썹 가위, 브러시 세트, 스펀지(퍼프), 스패츌러, 분첩, 뷰러, 미용 티슈, 물티슈, 면봉, 족집게, 클렌징 제품, 더마왁스, 스프리트검 또는 실러, 리무버

4. 작업 과정

 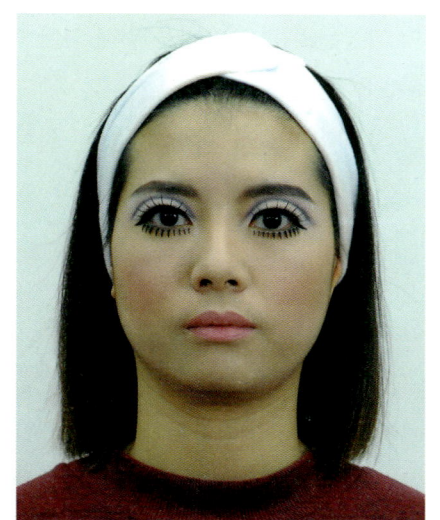

1) 심사 내용

과제 유형	시험 시간	배점	사전 심사	소독	베이스	눈썹	눈	치크	입술	완성도
트위기	40분	30점	3점	3점	3점	3점	6점	3점	3점	6점

2) 요구 사항 및 수험자 유의 사항

[요구 사항]

① 과제를 수행하기 전 수험자의 손 및 도구류를 소독한 후 제시된 도면을 참고하여 트위기 메이크업 스타일을 연출하시오.
② 모델의 피부 톤에 적합한 메이크업 베이스를 선택하여 얇고 고르게 펴 바르시오.
③ 베이스 메이크업은 모델 피부색과 비슷한 리퀴드 또는 크림 파운데이션을 사용하시오.
④ 파운데이션은 두껍지 않게 골고루 펴 바르며 파우더를 사용하여 마무리하시오.

⑤ 눈썹의 표현은 도면과 같이 자연스러운 브라운 컬러로 눈썹 산을 강조하여 그리시오.

⑥ 아이섀도는 화이트 베이스 컬러와 핑크, 네이비, 그레이, 어두운 청색 등을 사용하여 인위적인 쌍꺼풀 라인을 표현하시오.

⑦ 쌍꺼풀 라인과 아이라인의 선이 선명하도록 강조하여 그러데이션 하고 화이트로 쌍꺼풀 안쪽 및 눈썹 아래부위를 하이라이트 처리하시오.

⑧ 아이라인은 선명하게 그리고 도면과 같이 눈매를 교정하시오.

⑨ 뷰러를 이용하여 자연 속눈썹을 컬링한 후 마스카라를 바르고 인조 속눈썹을 붙여 눈매를 강조하시오.

⑩ 도면과 같이 과장된 속눈썹 표현을 위해 언더 속눈썹에 마스카라를 한 후 아이라이너를 사용하여 그리거나 인조 속눈썹을 붙여 표현하시오.

⑪ 치크는 핑크 및 라이트 브라운색을 애플 존 위치에 둥근 느낌으로 바르시오.

⑫ 베이지 핑크색의 립 컬러를 자연스럽게 발라 마무리하시오.

[수험자 유의 사항]

① 모델은 문신(눈썹, 아이라인, 입술 등), 속눈썹 연장 및 메이크업이 되어 있지 않은 상태이어야 한다.

② 스패츌러, 속눈썹 가위, 족집게, 눈썹 칼 등의 도구류를 사용 전 소독제로 소독해야 한다.

③ 메이크업 베이스, 파운데이션을 펴 바를 때 스펀지 퍼프 또는 브러시를 사용하시오.

④ 아이섀도, 치크, 립 등의 표현 시 브러시 등 적합한 도구를 사용하시오.

⑤ 화장품은 요구 사항에 지정된 제형 외에는 타입에 상관없이 자유롭게 사용하시오.

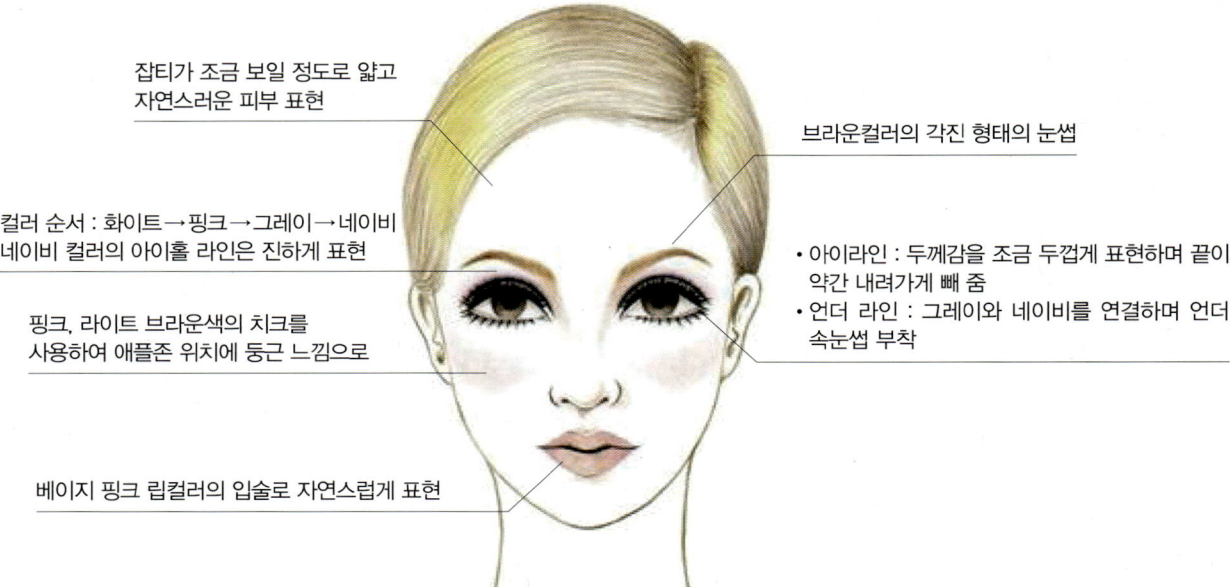

3) 시술 과정

[소독하기]

① 손 소독 : 소독제를 소독솜에 뿌려 양손의 손바닥과 손등, 손가락 사이를 꼼꼼하게 닦은 후 사용한 소독솜은 위생 봉투에 버린다.

② 도구 소독 : 팔레트, 족집게, 눈썹 칼, 스패츌러, 눈썹 가위과 같은 철제 도구 등은 소독제로 소독한다.

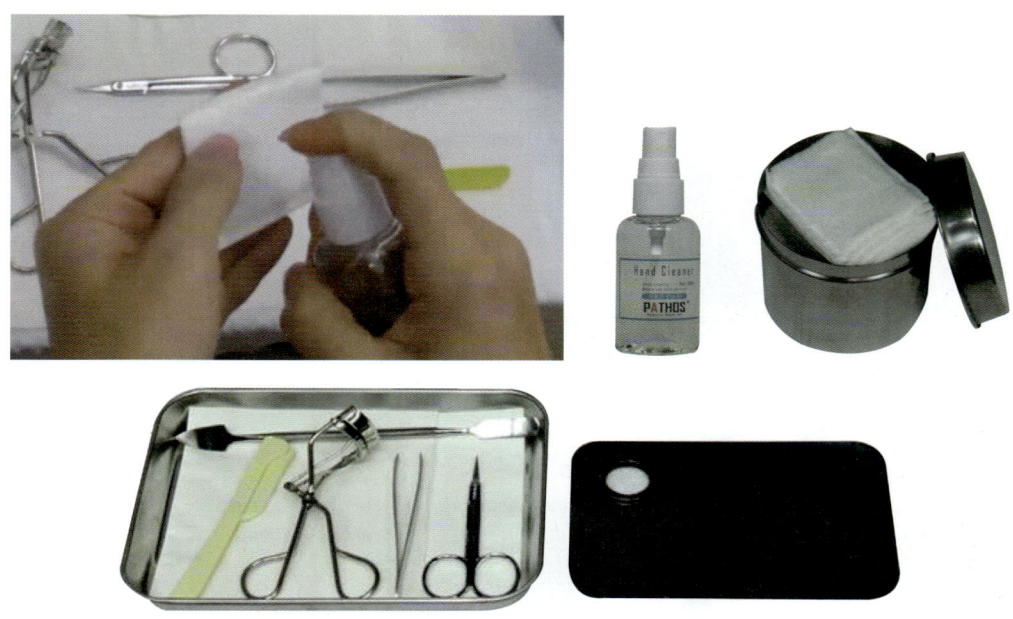

[메이크업 베이스]

> **TIP** **메이크업 베이스**
> - 메이크업 베이스는 모델의 피부 톤에 알맞은 색상을 선택하여 적절하게 사용하도록 한다.
> - 퍼프나 브러시를 사용하여 가볍게 발라 주며, 너무 많은 양을 사용하지 않는 것이 좋다.
> - 메이크업 팔레트에 적당량을 덜어서 사용한다.

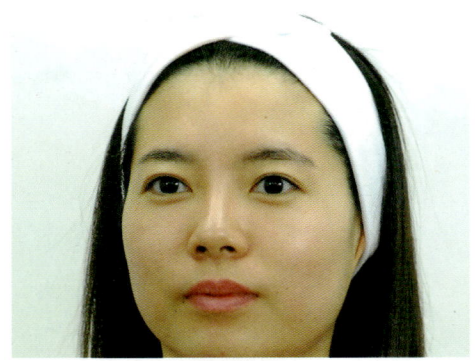

① 모델의 피부 톤을 파악하여 알맞은 베이스 컬러를 선택한다.

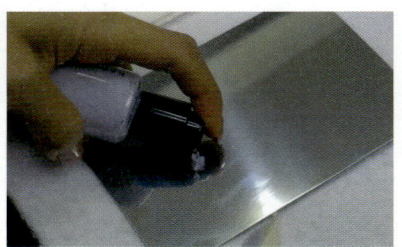

② 라텍스 퍼프 또는 베이스 브러시를 사용하여 얼굴에 찍어 준다.

[파운데이션]

① 피부 톤과 비슷한 컬러의 리퀴드 또는 크림 파운데이션을 사용하여 팔레트에 덜어 준다.

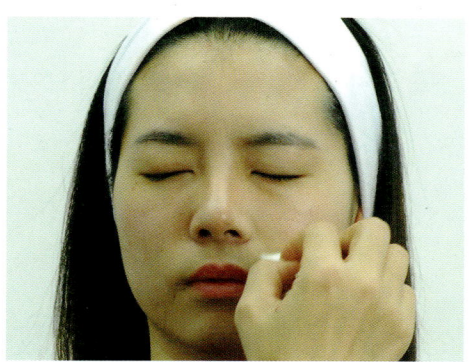

② 라텍스 퍼프를 사용하여 얼굴 전체에 바른다.

TIP 피부 표현

트위기 메이크업은 주근깨 또는 잡티가 자연스럽게 보이는 피부 표현이 특징으로, 피부가 두꺼워지지 않도록 투명하고 가볍게 표현한다.

[파우더]

① 투명 파우더를 두껍지 않고 자연스럽게 바른다.

[눈썹 그리기]

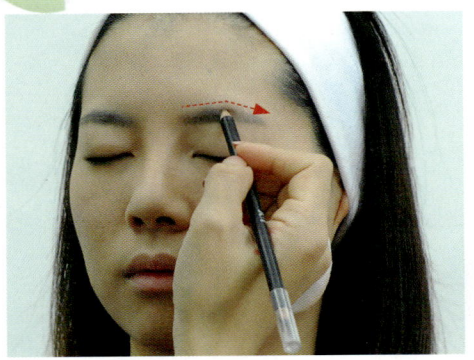

① 브라운색의 펜슬을 사용하여 각진 형태로 눈썹 모양을 잡는다.

② 브라운 섀도를 아이브로 브러시로 색을 덧입히며 앞머리 부분에 그러데이션을 한다.

[아이섀도]

① 눈두덩이 전체에 화이트 베이스 컬러로 눈 전체 아이베이스를 깔아 준다.

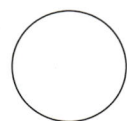

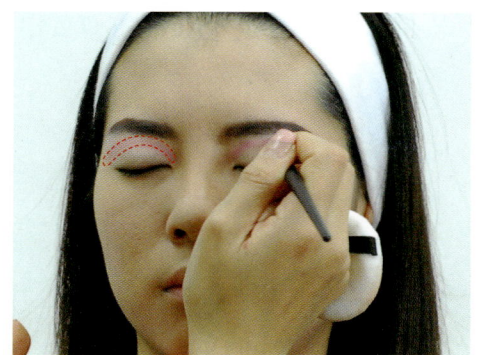

② 핑크 섀도를 사용하여 아이홀 부분에 얇은 브러시로 라인을 잡아 준 후, 위로 그러데이션 한다.

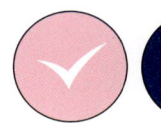  

③ 아이홀 모양으로 네이비 컬러의 섀도를 홀 라인 경계선에 선명하게 그려 주고, 그레이 컬러를 이용하여 위 방향으로 얇게 그러데이션 한다.

진하게 라인 그리기

 아이홀

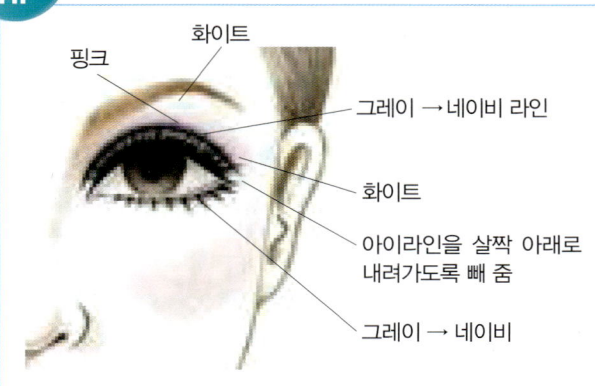

- 화이트
- 핑크
- 그레이 → 네이비 라인
- 화이트
- 아이라인을 살짝 아래로 내려가도록 빼 줌
- 그레이 → 네이비

네이비 컬러의 선이 분명하게 보이도록 하며, 네이비 컬러에서 그레이와 핑크톤 그러데이션의 컬러로 얇게 위 방향으로 그러데이션 한다.

④ 홀 안쪽의 동공 부분 눈꺼풀을 흰색으로 밝게 표현한다.

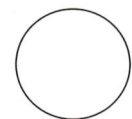

⑤ 언더 부분에 그레이와 네이비 컬러의 섀도를 연결하여 색을 넣는다.

— **안쪽 점막은 밝게 표현**

[아이라인]

① 검정 펜슬로 속눈썹 사이사이를 메우며 점막과 속눈썹 사이를 채운다.

② 라인을 두께감 있게 표현하며 눈꼬리 부분은 살짝 내려가도록 하여 빼 준다.

TIP 아이라인과 홀 라인

트위기의 아이라인은 꼬리 부분의 방향을 위로 많이 올려서 빼지 않으며, 아이홀의 라인을 선명하게 살려 진하게 표현해야 한다.

[속눈썹 표현]

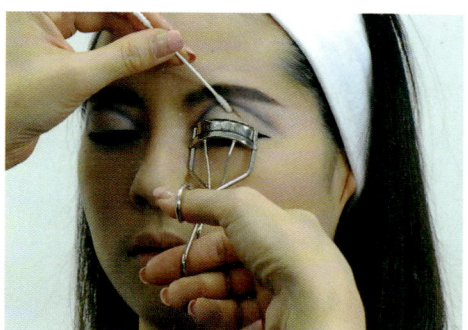

① 뷰러를 사용하여 자연 속눈썹의 컬을 집어 주어 올린다.

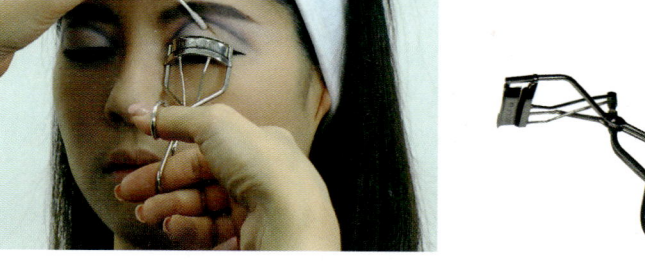

② 인조 속눈썹에 글루를 바른 후 아이라인을 따라 눈매에 맞추어 부착한다.

③ 아랫부분의 속눈썹을 부착한다.

공간을 살짝 띄어서 아래 속눈썹 부착

TIP
- 윗눈썹 부착 후 아래로 처지지 않도록 주의해야 하며, 아래 인조 속눈썹 부착 시 언더 라인에서 2mm 정도 점막 시작점에서 밑으로 떨어뜨려 부착하여 눈을 감고 떴을 때 불편함이 없도록 한다.
- 아래 점막 부분은 밝은 하이라이트로 살짝 표현하여 눈이 커 보이게 표현할 수 있다.

TIP 인조 속눈썹
- 트위기의 인조 속눈썹은 **위와 아래를 모두 부착**하여야 한다.
- 트위기 눈썹 이외의 다른 눈썹을 붙이거나 언더 속눈썹을 표현하지 않을시 실격 처리되므로 주의하여야 한다.

④ 속눈썹을 붙인 부분의 라인을 정리하며 꼬리는 위로 올라가지 않도록 한다.

⑤ 마스카라를 사용하여 자연 속눈썹에 인조 속눈썹이 자연스럽게 연결될 수 있도록 바른다.

[볼 메이크업]

① 핑크와 라이트 브라운 색의 치크를 사용하여 애플존 위치에 둥근 느낌으로 바른다.

② 브라운톤으로 얼굴 윤곽 부분을 자연스럽게 그러데이션 하여 펴 준다.

[입술 표현]

① 베이지 핑크 립 컬러로 입술을 자연스럽게 표현한다.

[완성]

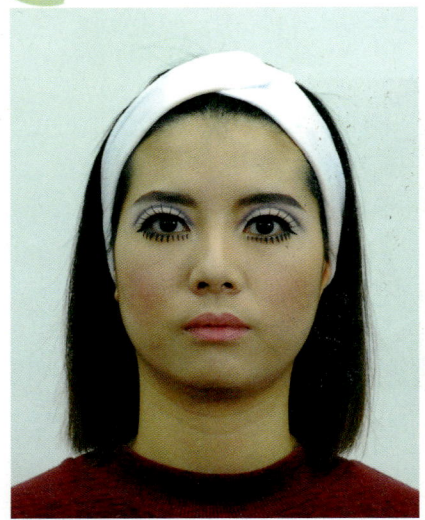

[마무리 및 정리 팁]
① 종료 시간 1~2분 정도의 시간을 남기고 약간의 여유 시간을 두어 2과제의 수행 내용이 잘 되어 있는지 최종 점검을 하며, 사용했던 도구 및 테이블 정돈을 하도록 하자.
② 종료 알림 전까지 마무리 정돈을 마쳐야 하며 시험 종료 직전에 양손을 무릎에 가지런히 올려놓고 종료 시간 알림까지 대기하도록 한다.

04 펑크 메이크업 - 현대4(1970~1980)

1. 사전 심사

1) 재료 준비 사항

① 본 과제에 필요한 재료 목록에 알맞게 모두 준비되어 있는가?
② 본 과제에 불필요한 도구 및 재료가 세팅되어 있지 않은가?
③ 작업대 위에 재료 및 도구들이 위생적으로 잘 정리되어 있는가?
④ 사전에 미리 작업을 해 오거나 재료나 도구 등에 구별을 위한 표식이 있지는 않는가?

2) 수험자 및 모델의 복장

① 수험자와 모델이 각 규정에 맞는 복장을 올바르게 착용하고 있는가?
② 수험자와 모델이 규정에 맞지 않는 액세서리 등을 착용하고 있지 않은가?
③ 수험자와 모델이 시험 전 사전 준비 상태가 올바르게 되어 있는가?

2. 본심사

1) 시술 및 숙련도

① 시술 순서를 알맞게 진행하였나?
② 시술 과정이 능숙하게 작업되었는가?

2) 메이크업 과정

① 베이스 메이크업 시술 과정
- 모델의 피부 톤에 알맞은 메이크업 베이스를 선택하여 고르게 바른다.
- 모델 피부의 결점을 커버하고 **창백한 피부 톤**으로 보일 수 있도록 밝은색의 파운데이션으로 피부 표현을 한다.
- 윤곽 수정 과정 후 피부 톤에 알맞은 **파우더로 매트하게 표현**한다.

② 아이브로 시술 과정
- **눈썹의 결을 강조**하여 앞머리의 결을 살리고, **짙고 강한 상향형의 각진 형태**로 표현한다.
- **검은색**의 톤으로 진하고 강한 눈썹을 표현한다.

③ 아이 메이크업 시술 과정
- **화이트, 베이지, 그레이, 블랙** 등의 컬러를 이용하여 **아이홀**을 강한 상향형으로 표현한다.

- 아이홀은 눈꼬리에서 앞머리 쪽으로 얇게 표현되도록 한다.
- 아이홀의 눈꼬리 1/3 부분을 검은색 아이섀도나 아이라이너를 이용하여 채우고 그러데이션 한다.
- 언더 부분에 블랙과 그레이 섀도로 진하게 표현한다.

④ 아이라인 시술 과정
- 속눈썹 사이를 메워서 그리고 도면과 같이 눈매를 교정한다.
- 검은색을 이용하여 **3개의 라인**을 아이홀 라인의 바깥쪽으로 과장되게 그려 준다.
- 언더 라인은 위쪽 라인까지 연결하여 강하게 표현하고, 눈앞머리 부분까지 연결하여 진하고 뾰족하게 그려 준다.

⑤ 속눈썹 시술 과정
- 뷰러를 이용하여 자연 속눈썹을 컬링한다.
- 진한 인조 속눈썹을 붙이고, 길고 강렬한 눈매를 연출한다.

⑥ 치크 시술 과정
- **레드 브라운색(벽돌색)**으로 얼굴 앞쪽을 향하여 **사선**으로 선을 그리듯 강하게 표현한다.
- 얼굴 윤곽에 맞게 섀딩과 하이라이트를 발라 입체감 있게 표현한다.

⑦ 입술 시술 과정
- **검붉은 색**의 립 컬러를 이용하여 펴 바르고 **입술 라인을 선명하게** 표현한다.
- 입술산이 둥글지 않게 각이 진 형태로 **스트레이트형 또는 각진 형**의 입술을 표현한다.

⑧ 전체 완성도
- 작업 완료 후 정리 정돈을 잘하여 마무리한다.
- 과제 수행 완료를 잘 완성하였는지 체크한다.

3. 과제 준비물

준비물	소독 및 위생	위생가운, 어깨보, 헤어밴드, 흰색타월, 소독제, 탈지면 용기, 화장솜
	베이스 메이크업	메이크업 베이스, 파운데이션, 페이스 파우더
	포인트 메이크업	아이섀도 팔레트, 립 팔레트, 아이라이너, 마스카라, 아이브로 펜슬(에보니), 인조 속눈썹
	기타 도구	속눈썹 접착제, 눈썹 칼, 눈썹 가위, 브러시 세트, 스펀지(퍼프), 스패츌러, 분첩, 뷰러, 미용티슈, 물티슈, 면봉, 족집게, 클렌징 제품, 더마왁스, 스프리트검 또는 실러, 리무버

4. 작업 과정

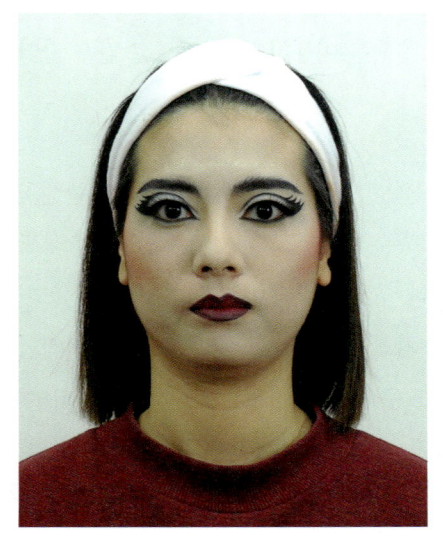

1) 심사 내용

과제 유형	시험 시간	배점	사전 심사	소독	베이스	눈썹	눈	치크	입술	완성도
펑크	40분	30점	3점	3점	3점	3점	6점	3점	3점	6점

2) 요구 사항 및 수험자 유의 사항

[요구 사항]

① 과제를 수행하기 전 수험자의 손 및 도구류를 소독한 후 제시된 도면을 참고하여 펑크 메이크업 스타일을 연출하시오.
② 모델의 피부 톤에 적합한 메이크업 베이스를 선택하여 얇고 고르게 펴 바르시오.
③ 베이스 메이크업은 크림 파운데이션을 사용하여 창백하게 피부 표현을 하시오.
④ 피부의 결점 등을 커버하기 위하여 컨실러 등을 사용할 수 있으며 파우더를 이용하여 매트하게 표현하시오.
⑤ 눈썹은 도면과 같이 눈썹의 결을 강조하여 짙고 강하게 그리시오.
⑥ 아이섀도의 표현은 화이트, 베이지, 그레이, 블랙 등의 컬러를 이용하여 아이홀을 강하게 표현하시오.
⑦ 아이홀은 눈꼬리에서 앞머리 쪽으로 그리고 아이홀의 눈꼬리 1/3 부분을 검은색 아이섀도나 아이라이너를 이용하여 채우고 도면과 같이 그러데이션 하시오.
⑧ 아이라인은 검은색을 이용하여 3개의 라인을 아이홀 라인의 바깥쪽으로 과장되게 그려 도면과 같이 표현하시오.
⑨ 언더 라인은 위쪽 라인까지 연결하여 강하게 표현하시오.
⑩ 속눈썹은 뷰러를 이용하여 자연 속눈썹을 컬링한 후 마스카라를 바르고, 모델의 눈에 맞게 인조 속눈썹을 붙이시오.
⑪ 치크는 레드 브라운색으로 얼굴 앞쪽을 향하여 사선으로 선을 그리듯 강하게 바르시오.
⑫ 립은 검붉은 색을 이용하여 펴 바르고 입술 라인을 선명하게 표현하시오.

[수험자 유의 사항]

① 모델은 문신(눈썹, 아이라인, 입술 등), 속눈썹 연장 및 메이크업이 되어 있지 않은 상태이어야 한다.
② 스패출러, 속눈썹 가위, 족집게, 눈썹 칼 등의 도구류를 사용 전 소독제로 소독해야 한다.
③ 메이크업 베이스, 파운데이션을 펴 바를 때 스펀지 퍼프 또는 브러시를 사용하시오.
④ 아이섀도, 치크, 립 등의 표현 시 브러시 등 적합한 도구를 사용하시오.
⑤ 화장품은 요구 사항에 지정된 제형 외에는 타입에 상관없이 자유롭게 사용하시오.

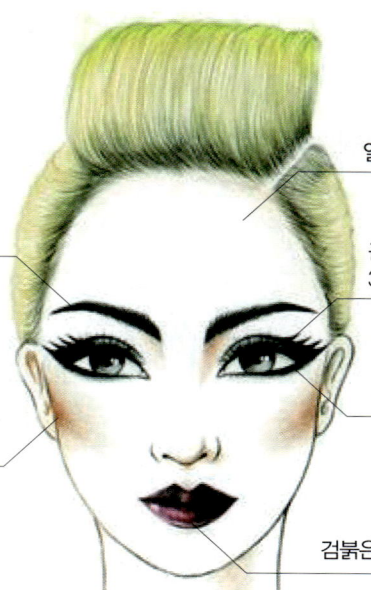

- 붓펜 타입의 블랙 아이라이너로 눈썹 결을 짙고 강하게 표현하며 앞머리 부분의 결을 한 올 한 올 강조하듯 표현
- 검은색에 가까운 컬러로 강하고 진한 눈썹으로 표현

얼굴 전체에 도포하여 창백한 피부 톤 표현

홀 라인 꼬리쪽으로 3개의 라인을 붓펜라이너로 또렷하게 표현

- 홀 라인을 따라 블랙과 다크그레이를 그러데이션 하여 눈꼬리 부분의 1/3 지점까지 색을 펴줌
- 앞부분은 흰색으로 표현

레드 브라운색의 치크를 사용하여 얼굴 앞쪽으로 사선 방향으로 선을 그리듯 표현

검붉은색 립컬러로 입술산이 각진 형태의 입술을 표현

3) 시술 과정

[소독하기]

① 손 소독 : 소독제를 소독솜에 뿌려 양손의 손바닥과 손등, 손가락 사이를 꼼꼼하게 닦은 후 사용한 소독솜은 위생 봉투에 버린다.

② 도구 소독 : 팔레트, 족집게, 눈썹 칼, 스패출러, 눈썹 가위와 같은 철제 도구 등은 소독제로 소독한다.

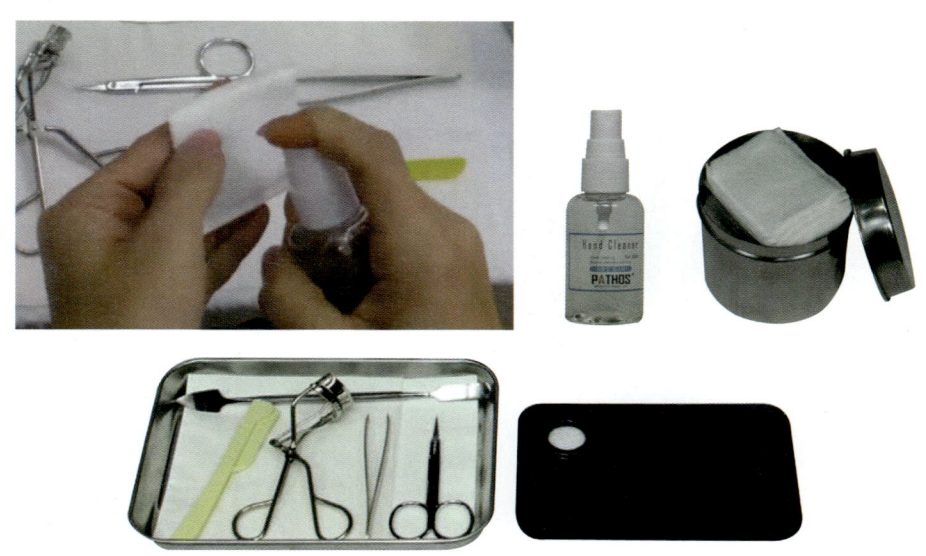

[메이크업 베이스]

> **TIP** **메이크업 베이스**
> • 메이크업 베이스는 모델의 피부 톤에 알맞은 색상을 선택하여 적절하게 사용하도록 한다.
> • 퍼프나 브러시를 사용하여 가볍게 발라 주며, 너무 많은 양을 사용하지 않는 것이 좋다.
> • 메이크업 팔레트에 적당량을 덜어서 사용한다.

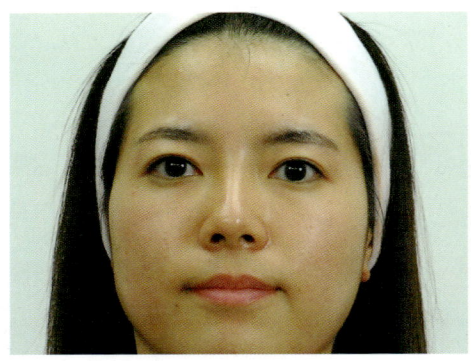

① 모델의 피부 톤을 파악하여 알맞은 베이스 컬러를 선택한다.

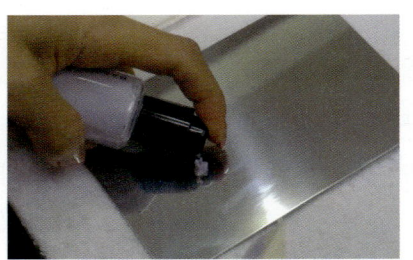

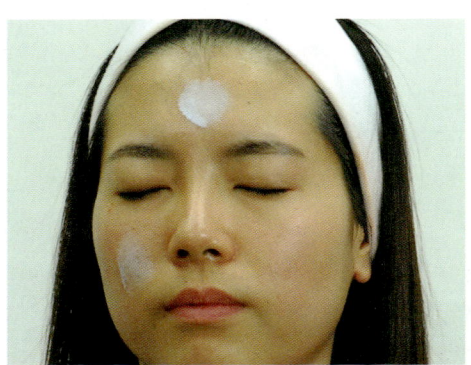

② 라텍스 퍼프 또는 베이스 브러시를 사용하여 얼굴에 찍어 준다.

[파운데이션]

① 밝은색의 크림 파운데이션을 팔레트에 덜어 준비한다.

② 라텍스 퍼프를 사용하여 얼굴 전체에 발라 창백한 피부 톤으로 표현한다. 창백하고 결점이 없는 피부로 표현하며 잡티가 있을 시에는 컨실러로 커버한다.

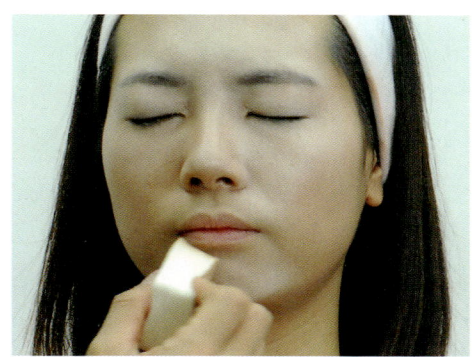

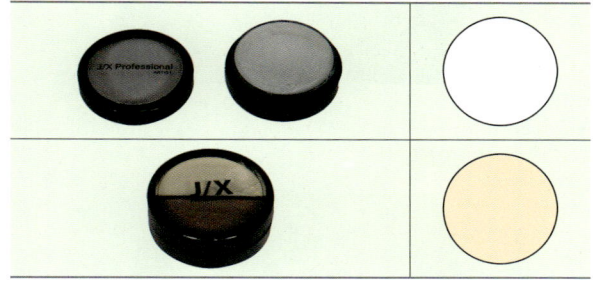

③ 얼굴형에 맞게 윤곽 섀딩 베이스를 넣어 준다.

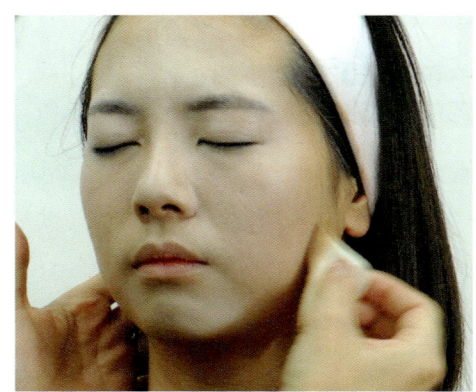

TIP 하이라이트와 섀딩

하이라이트(H)	피부 톤보다 1~2톤 정도 밝은 톤으로 표현	
섀딩(S)	피부 톤보다 1~2톤 정도 어두운 톤으로 표현	

[파우더]

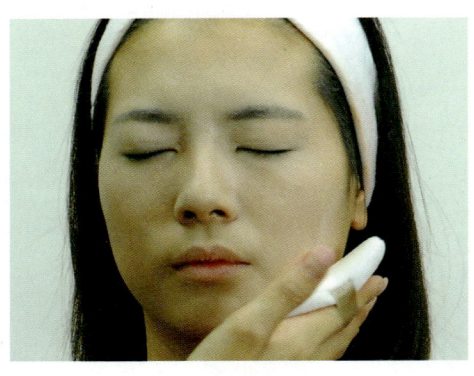

① 밝은 베이지색의 파우더를 얼굴 전체에 매트하게 고루 꼼꼼하게 바른다.

[눈썹 그리기]

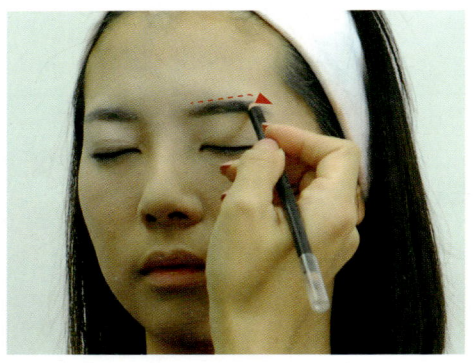

① 검은색의 아이브로 펜슬을 사용하여 각진 형태의 상향형 눈썹 모양을 잡는다.

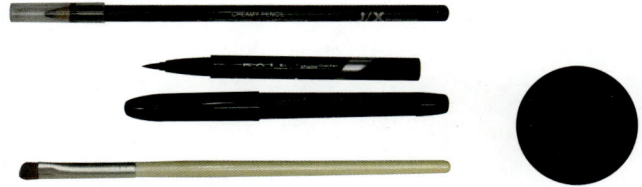

TIP 펑크의 눈썹 표현

브라운기나 붉은 기가 없는 흑색톤을 사용하여 진한 눈썹으로 강렬한 이미지가 연출되도록 딱딱하고 거친 듯한 눈썹 결을 살려 그린다.

② 붓펜 타입 아이라이너 블랙으로 눈썹 결을 짙고 강하게 표현하며, 앞머리 부분의 결을 한 올 한 올 강조하듯 그린다.

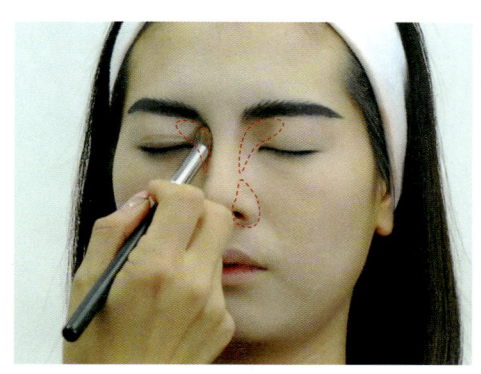

③ 눈썹 앞머리와 코벽을 연결하는 노즈섀딩을 넣어 음영을 만들고 콧대를 세운다. 콧방울 부분이 좁아 보일 수 있도록 양쪽 콧방울 옆 부분에도 섀딩을 넣는다.

[아이섀도]

① 검은색의 아이홀 라인을 얇은 브러시 또는 펜슬을 사용하여 형태를 잡아 준다.

② 홀 라인을 따라 블랙과 다크 그레이를 그러데이션 하여 눈꼬리 부분의 1/3 지점까지 색을 펴 준다.

③ 홀 안의 앞쪽 부분은 흰색으로 밝게 표현하여 준다.

밝게(흰색)

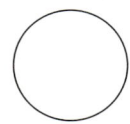

④ 언더 부분은 블랙 펜슬을 사용하여 점막 전체를 강하게 채워 강조하고 위 라인과 연결시킨다.

[아이라인]

① 검정 펜슬로 속눈썹 사이사이를 메워 점막과 속눈썹 사이를 채우고 눈매를 또렷하게 강조한다.

② 꼬리 부분은 선명하고 길게 강조하며 꼬리끝과 아이홀의 라인이 연결되도록 그린다.

③ 홀 라인의 꼬리쪽으로 3개의 라인을 붓펜 라이너로 또렷하게 그려 준다.

④ 눈꼬리 부분의 음영을 홀 라인에 맞추어 조금 더 강렬하게 강조한다.

— 라이너로 홀 라인을 진하게 표현

> **TIP** 라인 그리기
>
>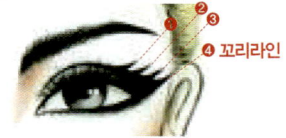
>
> - 라인들은 꼬리라인을 기준으로 홀 라인 위쪽에 위치하며, 평행을 이루듯 일정 간격으로 3개의 선을 더 그려 준다.
> - 아이라인 끝선을 포함하여 총 4개의 선이 표현될 수 있게 한다.

[속눈썹 표현]

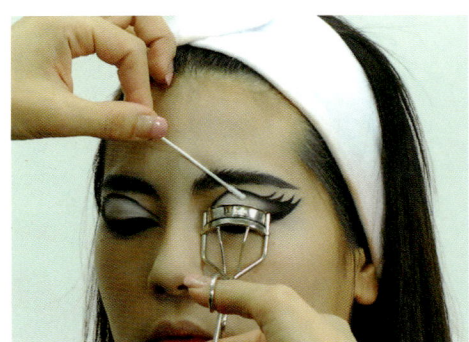

① 뷰러를 사용하여 자연 속눈썹의 컬을 집어 주어 올린다.

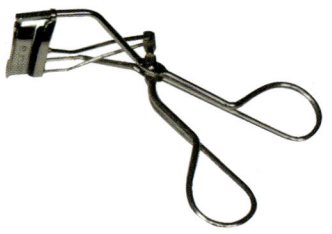

② 인조 속눈썹에 글루를 바른 후 아이라인을 따라 눈매에 맞추어 부착한다.

③ 속눈썹을 붙인 부분의 라인을 정리한다.

④ 마스카라를 사용하여 자연 속눈썹에 인조 속눈썹이 자연스럽게 연결될 수 있도록 바른다.

[볼 메이크업]

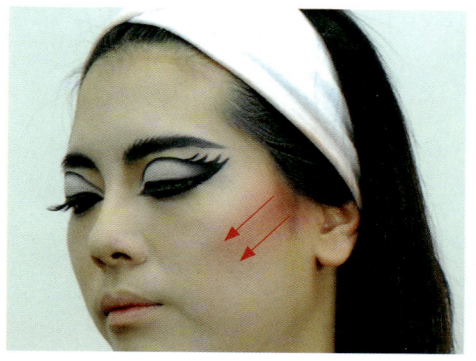

① 레드 브라운색의 치크를 사용하여 얼굴 앞쪽 방향으로 사선으로 선을 그리듯 바른다.

② 섀딩으로 얼굴 윤곽 부분을 그러데이션 한다.

[입술 표현]

① 검붉은색 립 컬러로 입술산이 각진 형태의 입술을 표현한다.

② 립라인은 선명하고 강한 검붉은 색상으로, 안쪽으로는 버건디색으로 표현한다.

[완성]

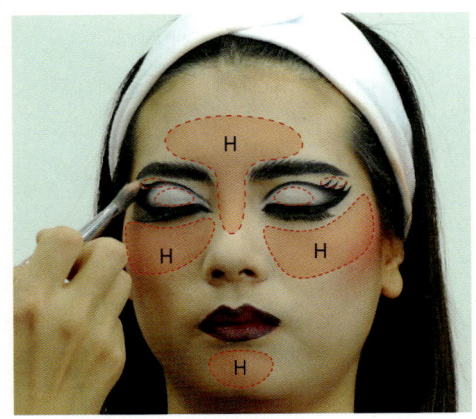

① T존과 눈밑, 턱 끝에 밝은색의 하이라이트를 넣어주며 얼굴의 밝은 부분 정리를 한다.

[마무리 및 정리]

① 종료 시간 1~2분 정도의 시간을 남기고 약간의 여유 시간을 두어 2과제의 수행 내용이 잘 되어 있는지 최종 점검을 하며, 사용했던 도구 및 테이블 정돈을 하도록 하자.
② 종료 알림 전까지 마무리 정돈을 마쳐야 하며 시험 종료 직전에 양손을 무릎에 가지런히 올려놓고 종료 시간 알림까지 대기하도록 한다.

CHAPTER 03 제3과제 : 캐릭터 메이크업

01 이미지(레오파드) 메이크업

1. 사전 심사

1) 재료 준비 사항

① 본 과제에 필요한 재료 목록에 알맞게 모두 준비되어 있는가?

② 본 과제에 불필요한 도구 및 재료가 세팅되어 있지 않은가?

③ 작업대 위에 재료 및 도구들이 위생적으로 잘 정리되어 있는가?

④ 사전에 미리 작업을 해 오거나 재료나 도구 등에 구별을 위한 표식이 있지는 않은가?

> **TIP** 3과제 캐릭터 메이크업 과제 준비 시 추가 준비 목록
>
> 2과제 재료에서 더마왁스, 스프리트검, 리무버를 세팅에서 제외시키고, 3과제 추가 준비 재료인 아쿠아 물감, 물통, 아쿠아 브러시를 준비한다.

2) 수험자 및 모델의 복장

① 수험자와 모델이 각 규정에 맞는 복장을 올바르게 착용하고 있는가?

② 수험자와 모델이 규정에 맞지 않는 액세서리 등을 착용하고 있지 않은가?

③ 수험자와 모델이 시험 전 사전 준비 상태가 올바르게 되어 있는가?

TIP 모델의 복장

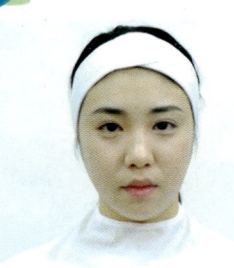

▲ 모델 복장

- 사전 메이크업, 뷰러 사용을 금한다.
- 헤어 염색이 되어 있는 경우 헤어 터번으로 모발 컬러를 가리도록 하며, 긴머리의 경우 잔머리가 나오지 않게 단정하게 머리끈(고무줄)을 사용하여 묶는다.
- 모델의 상의는 희색티를 입도록 하며 특정 브랜드 표식이나 문양이 없는 것을 사용하며 어깨보를 시험 준비 시간에 착용하고 대기한다.
- 액세서리 착용 불가 및 문신이 있는 경우 살색 테이프로 가리는 것이 좋다.

TIP 수험자의 복장

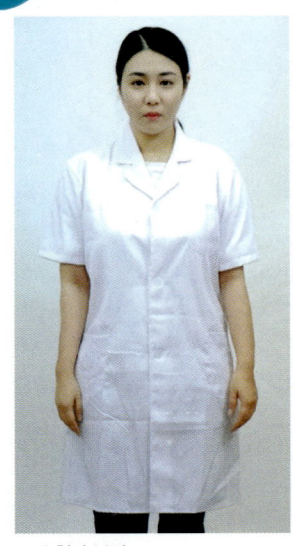

▲ 수험자 복장

- 긴팔과 반팔의 위생가운을 착용하며 이때 속에 입는 옷은 흰색을 입도록 한다.
- 반팔일 경우 옷 밖으로 속의 옷이 나오지 않도록 하며 특정 업체명 또는 로고 등의 표기가 없도록 한다.
- 하의 복장은 대체적으로는 자율이나 너무 눈에 띄는 의상 또는 신발은 피하자.

2. 본심사

1) 시술 및 숙련도

① 시술 순서를 알맞게 진행하였나?

② 시술 과정이 능숙하게 작업되었는가?

2) 메이크업 과정

① 베이스 메이크업 시술 과정

- 모델의 피부 톤에 알맞은 메이크업 베이스를 선택하여 고르게 바른다.

- 모델의 피부 톤보다 밝게 피부 표현을 한다.
- 투명 파우더로 꼼꼼하게 표현한다.

② 캐릭터 메이크업 시술 과정
- 옐로 컬러와 오렌지 컬러로 이마 부분에서 양쪽 대칭으로 표현하고 그러데이션을 한다.
- 눈에 아이홀의 라인을 길게 표현하여 음영을 주어 **옐로→오렌지→브라운**의 순서로 그러데이션 한다.
- 아이홀 안쪽은 흰색으로 밝게 표현한다.

③ 아이라인 시술 과정
- 눈 앞머리를 뾰족하게 연장하여 **캣츠아이 눈매**로 라인을 그리며, 아이홀을 따라 길고 선명하고 진한 아이라인을 표현한다.
- 언더 라인 부분에 트임을 주어 앞머리가 붙지 않게 표현한다.
- 검은색 아쿠아 물감 또는 아이라이너를 사용하여 선명한 **레오파드 문양**을 그린다.
- 무늬는 **점진적으로** 표현하며 양쪽 대칭에 맞추어 표현한다.

④ 속눈썹 시술 과정
- 뷰러를 이용하여 자연 속눈썹을 컬링한다.
- 인조 속눈썹을 모델 눈에 맞춰 붙이고, 깊고 그윽한 눈매를 연출한다.

> **TIP 인조 속눈썹**
> 인조 속눈썹 부착 시 눈 끝부분의 속눈썹을 조금 올려서 붙여 눈매가 처져 보이지 않도록 한다.

⑤ 입술 시술 과정

버건디 레드 컬러를 이용하여 **인커브 형태**로 또렷하게 바른다.

⑥ 전체 완성도
- 작업 완료 후 정리 정돈을 잘하여 마무리한다.
- 과제 수행 완료를 잘 완성하였는지 체크한다.

3. 과제 준비물

준비물	소독 및 위생	위생가운, 어깨보, 헤어밴드, 흰색타월, 소독제, 탈지면 용기, 화장솜
	베이스 메이크업	메이크업 베이스, 파운데이션, 페이스 파우더
	포인트 메이크업	아이섀도 팔레트, 립 팔레트, 아이라이너, 마스카라, 아이브로 펜슬, 인조 속눈썹
	기타 도구	속눈썹 접착제, 눈썹 칼, 눈썹 가위, 브러시 세트, 스펀지(퍼프), 스패츌러, 분첩, 뷰러, 미용티슈, 물티슈, 면봉, 족집게, 클렌징 제품, 아쿠아 물감, 아쿠아용 브러시, 물통

4. 작업 과정

1) 심사 내용

과제 유형	시험 시간	배점	사전 심사	소독	베이스	눈썹	눈	캐릭터	입술	완성도
레오파드	50분	25점	2점	3점	3점	3점	4점	3점	3점	4점

2) 요구 사항 및 수험자 유의 사항

[요구 사항]

① 과제를 수행하기 전 수험자의 손 및 도구류를 소독한 후 제시된 도면을 참고하여 레오파드 메이크업 스타일을 연출하시오.

② 모델의 피부 톤에 맞는 메이크업 베이스를 바르시오.

③ 피부 톤보다 밝은색의 파운데이션을 이용하여 바른 후 파우더로 마무리하시오.

④ 옐로, 오렌지, 브라운색의 아쿠아 컬러나 아이섀도 등을 사용하여 도면과 같이 조화롭게 그러데이션을 하시오.

⑤ 아이홀 부위는 도면과 같이 흰색으로 뚜렷하게 표현하고 검은색 아이라이너, 아쿠아 컬러 등으로 눈꺼풀 위와 눈 밑 언더 라인의 트임을 표현하시오.

⑥ 레오파드 무늬는 아쿠아 컬러나 아이라이너 등을 사용하여 선명하고 점진적으로 표현하시오.

⑦ 인조 속눈썹을 사용하여 길고 날카로운 눈매를 표현하시오.

⑧ 도면과 같이 언더 라인은 아이라이너를 사용하여 그리거나 인조 속눈썹을 붙여 표현하시오.

⑨ 버건디 레드의 립 컬러를 모델의 입술에 맞게 사용하되, 구각을 강조한 인커브 형태로 표현하시오.

[수험자 유의 사항]

① 모델은 문신(눈썹, 아이라인, 입술 등), 속눈썹 연장 및 메이크업이 되어 있지 않은 상태이어야 한다.

② 스패츌러, 속눈썹 가위, 족집게, 눈썹 칼 등의 도구류를 사용 전 소독제로 소독해야 한다.

③ 메이크업 베이스, 파운데이션을 펴 바를 때 스펀지 퍼프 또는 브러시를 사용하시오.

④ 아이섀도, 치크, 립 등의 표현 시 브러시 등 적합한 도구를 사용하시오.

⑤ 화장품은 요구 사항에 지정된 제형 외에는 타입에 상관없이 자유롭게 사용하시오.

- 문양은 눈 시작점에서부터 점진적으로 표현
- 옐로→오렌지→브라운 순서로 그라데이션 하며 홀 라인 부분은 라이너로 진하게 표현하여 입체감 부여
- 아이홀 안쪽과 언더 부분은 흰색 섀도로 깔끔하게 색을 채움
- 리퀴드 라이너 또는 아쿠아 컬러로 아이홀 라인과 언더 라인을 덧그려 주어 선명하게 표현
- 눈 앞머리에 트임을 주며 홀 라인은 열린 형태로 캣츠아이의 모양으로 표현
- 버건디 레드 립컬러로 인커브 형태의 입술 표현

3) 시술 과정

[소독하기]

① 손 소독 : 소독제를 소독솜에 뿌려 양손의 손바닥과 손등, 손가락 사이를 꼼꼼하게 닦은 후 사용한 소독솜은 위생 봉투에 버린다.

② 도구 소독 : 팔레트, 족집게, 눈썹 칼, 스패출러, 눈썹 가위와 같은 철제 도구 등은 소독제로 소독한다.

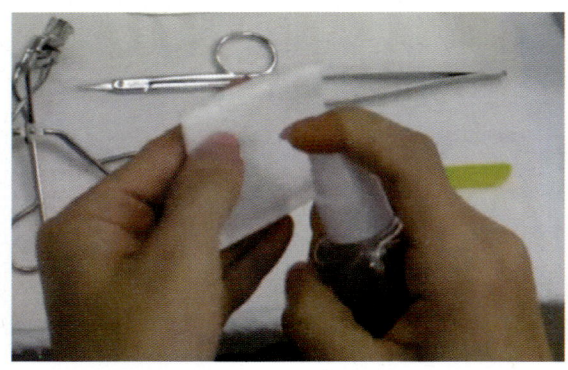

[메이크업 베이스]

> **TIP** 메이크업 베이스
> • 메이크업 베이스는 모델의 피부 톤에 알맞은 색상을 선택하여 적절하게 사용하도록 한다.
> • 퍼프나 브러시를 사용하여 가볍게 발라 주며, 너무 많은 양을 사용하지 않는 것이 좋다.
> • 메이크업 팔레트에 적당량을 덜어서 사용한다.

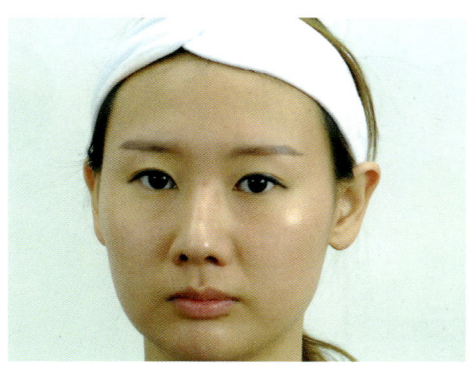

① 모델의 피부 톤을 파악하여 알맞은 베이스 컬러를 선택한다.

② 라텍스 퍼프 또는 베이스 브러시를 사용하여 얼굴에 찍어 준다.

[파운데이션]

① 밝은색의 크림 파운데이션을 팔레트에 덜어 준다.

② 라텍스 퍼프를 사용하여 얼굴 전체에 발라 창백한 피부 톤으로 표현한다.

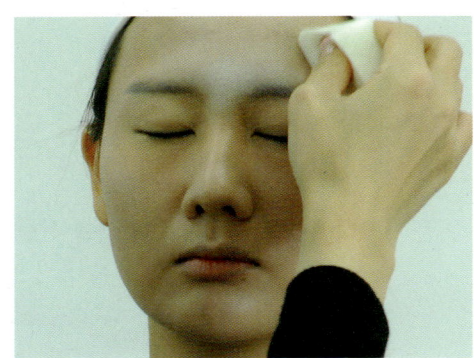

[파우더]

① 밝은 베이지색의 파우더를 얼굴 전체에 바른다.

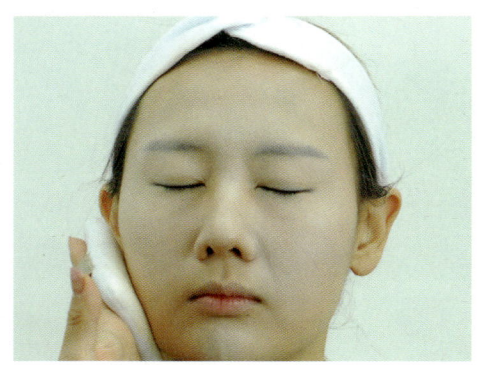

[캐릭터 표현법]

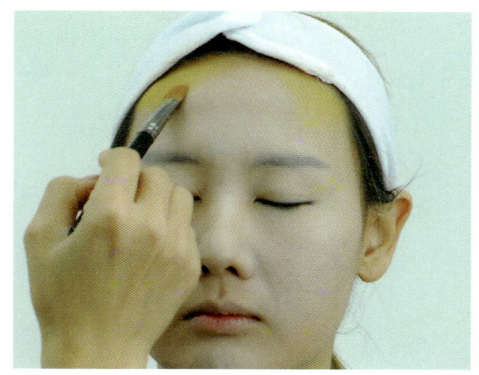

① 옐로 컬러의 섀도를 이마 양 옆면에 넓게 바른다.

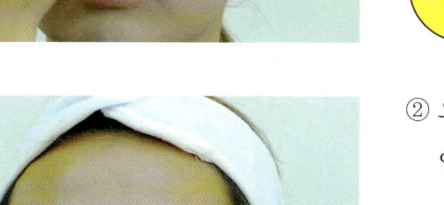

② 오렌지 컬러의 섀도를 양쪽 콧대를 중심으로 옐로 컬러와 연결하여 그러데이션 한다.

③ 브라운 펜슬로 양쪽 눈의 홀 모양을 잡아 물고기 모양으로 위 라인의 형태를 만든다.

> **TIP** 브라운 펜슬로 가이드 라인 잡기
>
> 색조 과정 시작 전 가이드 라인을 먼저 잡고 색조 표현을 하는 것이 가능하며, 아이홀은 관자놀이 방향으로 길게 연장하여 헤어라인 시작선까지 연결한다.

④ 홀 라인을 헤어라인 끝까지 길게 형태를 잡은 후 홀 안쪽 부분을 흰색 섀도로 채운다.

⑤ 눈밑 라인을 따라 광대뼈 아래 사선 방향으로 가이드 라인을 잡아 준다.

⑥ 눈 밑 라인은 눈매 라인을 따라 언더 라인에서 조금 떨어뜨려 트임을 주며 물고기 형상으로 잡아 준다. 이때 앞머리가 뾰족하게 형태를 만든다.

⑦ 갈색선의 라인을 따라 위 방향으로 색을 채워 그러데이션 한다.

⑧ 홀 라인 부분은 브라운색으로 진하게 음영을 넣는다.

⑨ 아랫부분의 라인을 따라 브라운 → 오렌지 → 옐로 컬러로 그러데이션 한다.

⑩ 아이홀 안쪽과 언더 부분에 흰색 섀도로 깔끔하게 색을 채운다.

⑪ 리퀴드 라이너 또는 아쿠아 컬러로 아이홀 라인과 언더 라인을 덧그려 선명하게 표현한다.

⑫ 아쿠아 물감 또는 검정 라이너를 사용하여 레오파드 문양을 그린다. 문양은 눈 시작점에서부터 점진적으로 그려 준다.

> **TIP** 레오파드 문양 표현
>
> 문양 표현은 눈 시작(작게) → 얼굴 외각(크게) 표현하도록 한다.

[아이라인]

① 검정 라이너로 점막과 속눈썹 사이를 채우고 눈꼬리를 길게 빼며 약간 두꺼운 형태의 아이라인을 표현한다. 눈앞머리는 캣츠아이로 뾰족하게 그린다.

앞머리를 띄어서 **뾰족하게 표현**

[속눈썹 표현]

① 뷰러를 사용하여 자연 속눈썹의 컬을 집어 주어 올린다.

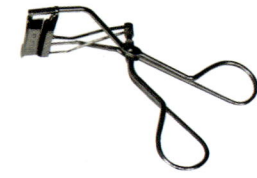

② 인조 속눈썹에 글루를 바른 후 아이라인을 따라 눈매에 맞추어 부착한다.

③ 마스카라를 사용하여 자연 속눈썹에 인조 속눈썹이 자연스럽게 연결될 수 있도록 바른다.

[입술 표현]

① 버건디 레드 립 컬러로 인커브 형태의 입술을 표현한다. 립 라인은 선명하고 강한 검붉은 색상으로, 안쪽으로는 버건디 색을 표현한다.

[마무리]

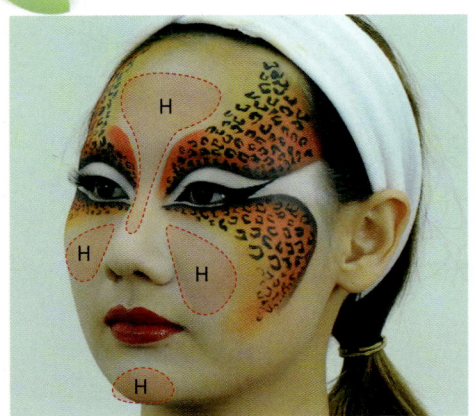

① 이마와 콧등, 얼굴 앞면, 턱 끝에 밝은색의 하이라이트를 넣어 입체감을 표현한다.

[완성]

[마무리 및 정리]

① 종료 시간 1~2분 정도의 시간을 남기고 약간의 여유 시간을 두어 3과제의 수행 내용이 잘 되어 있는지 최종 점검을 하며, 사용했던 도구 및 테이블 정돈을 하도록 하자.

② 종료 알림 전까지 마무리 정돈을 마쳐야 하며 시험 종료 직전에 양손을 무릎에 가지런히 올려놓고 종료 시간 알림까지 대기하도록 한다.

[3과제 종료 후 정리 및 4과제 사전 준비]

① 3과제 종료 후 채점 과정을 마친 후 수험자는 4과제 수행 과제를 위한 테이블 준비를 하도록 한다.

② 4과제는 모델 작업이 아닌 마네킹 작업으로 진행되며 4과제 준비 시 모델이 대기실로 퇴장한 후, 수험자는 **모든 메이크업 재료를 정리**하고 마네킹과 4과제 수행 과제 재료 및 도구 등을 세팅하도록 한다.

③ 1~3과제 재료인 메이크업 재료 및 도구는 신속히 가방에 넣고 테이블 위에 타월만 남긴 상태에서 4과제 재료를 준비한다.

④ 준비 과정 시 과제 발표를 하므로 해당 과제의 재료를 세팅할 수 있다.

⑤ 사용했던 투명 비닐은 새것으로 교체하여 준비한다.

⑥ 자리 이동 없이 4과제 수행 과제 사전 준비를 한 후 앉아서 대기하도록 한다.

[모델 준비]

① 3과제 종료 후 모델은 소지품을 지참하여 대기실로 퇴장하도록 한다.

② 퇴장 후 수험장 밖에서 클렌징을 할 수 있으며 3과제 종료 후 퇴실이 가능하다(시험장에 따라 4과제 수험자 종료 시간까지 대기할 수도 있음).

02 한국 무용 메이크업

1. 사전 심사

1) 재료 준비 사항

① 본 과제에 필요한 재료 목록에 알맞게 모두 준비되어 있는가?
② 본 과제에 불필요한 도구 및 재료가 세팅되어 있지 않는가?
③ 작업대 위에 재료 및 도구들이 위생적으로 잘 정리되어 있는가?
④ 사전에 미리 작업을 해 오거나 재료나 도구 등에 구별을 위한 표식이 있지는 않는가?

2) 수험자 및 모델의 복장

① 수험자와 모델이 각 규정에 맞는 복장을 올바르게 착용하고 있는가?
② 수험자와 모델이 규정에 맞지 않는 액세서리 등을 착용하고 있지 않는가?
③ 수험자와 모델이 시험 전 사전 준비 상태가 올바르게 되어 있는가?

2. 본심사

1) 시술 및 숙련도

① 시술 순서를 알맞게 진행하였나?
② 시술 과정이 능숙하게 작업되었는가?

2) 메이크업 과정

① 베이스 메이크업 시술 과정
- 모델의 피부 톤에 알맞은 메이크업 베이스를 선택하여 고르게 바른다.
- 모델의 피부보다 한 톤 밝게 피부 표현을 한다.
- 윤곽 수정 과정 후 **핑크 파우더로 매트**하게 표현한다.

② 아이브로 시술 과정
- **흑갈색의 눈썹 앞머리**에서 시작하여 **끝 쪽은 블랙** 컬러로 연결하여 표현한다.
- **아치형 또는 둥근 형**으로 **너무 두껍지 않게** 표현한다.

③ 아이 메이크업 시술 과정
- **연분홍** 컬러로 눈두덩이를 표현하고 그러데이션을 한다.
- **마젠타** 컬러를 라인 부분과 언더 라인에 포인트를 준다.

- **상향형의 방향**으로 색을 넣으며 **눈뼈 부분에 흰색의 하이라이트를 표현**하여 입체감을 준다.

④ 아이라인 시술 과정

- 속눈썹 사이를 메워 그리고 도면과 같이 눈매를 교정한다.
- 아이라인으로 상향형의 라인을 그리며 길게 그려 준다.
- 언더 라인 부분에 펜슬 또는 섀도로 눈매를 또렷하게 표현한다.

⑤ 속눈썹 시술 과정

- 뷰러를 이용하여 자연 속눈썹을 컬링한다.
- 인조 속눈썹을 상향형의 방향에 맞추어 붙인다.

⑥ 치크 시술 과정

핑크색으로 광대뼈를 감싸듯 표현하고 얼굴 전체를 핑크톤으로 가볍게 쓸어 표현한다.

⑦ 입술 시술 과정

- **레드 컬러의 라이너**로 입술 라인을 또렷하고 깔끔하게 잡아 준다.
- **핑크가 가미된 레드** 컬러로 안쪽을 그러데이션 하며 채운다.
- 펜슬 또는 라이너로 **귀밑머리**를 그려 준다.

⑧ 전체 완성도

- 작업 완료 후 정리 정돈을 잘하여 마무리한다.
- 과제 수행 완료를 잘 완성하였는지 체크한다.

3. 과제 준비물

준비물	소독 및 위생	위생가운, 어깨보, 헤어밴드, 흰색타월, 소독제, 탈지면 용기, 화장솜
	베이스 메이크업	메이크업 베이스, 파운데이션, 페이스 파우더
	포인트 메이크업	아이샤도 팔레트, 립 팔레트, 아이라이너, 마스카라, 아이브로 펜슬, 인조 속눈썹
	기타 도구	속눈썹 접착제, 눈썹 칼, 눈썹 가위, 브러시 세트, 스펀지(퍼프), 스패출러, 분첩, 뷰러, 미용티슈, 물티슈, 면봉, 족집게, 클렌징 제품, 아쿠아 물감, 아쿠아용 브러시, 물통

4. 작업 과정

1) 심사 내용

과제 유형	시험 시간	배점	사전 심사	소독	베이스	눈썹	눈	캐릭터	입술	완성도
한국 무용	50분	25점	2점	3점	3점	3점	4점	3점	3점	4점

2) 요구 사항 및 수험자 유의 사항

[요구 사항]

① 과제를 수행하기 전 수험자의 손 및 도구류를 소독한 후 제시된 도면을 참고하여 한국 무용 메이크업 스타일을 연출하시오.

② 모델의 피부 톤에 적합한 메이크업 베이스를 선택하여 얇고 고르게 펴 바르시오.

③ 모델의 피부 톤에 맞춰 결점을 커버하고 파운데이션으로 깨끗하게 피부 표현을 하시오.

④ 섀딩과 하이라이트로 윤곽 수정 후 핑크 파우더로 매트하게 마무리하시오.

⑤ 눈썹은 브라운색으로 시작하여 검은색으로 자연스럽게 연결되도록 표현하며, 모델의 얼굴형을 고려하여 도면과 같이 부드러운 곡선의 동양적인 눈썹으로 표현하시오.

⑥ 눈썹 뼈에 흰색으로 하이라이트를 주어 입체감 있는 눈매를 연출하시오.

⑦ 연분홍색 아이섀도를 이용하여 눈두덩이를 그러데이션 하시오.

⑧ 눈꼬리 부분과 언더 라인을 마젠타 컬러로 포인트를 주고 도면과 같이 상승형으로 표현하시오.

⑨ 아이라인은 검은색 아이라이너를 사용하여 도면과 같이 그리고 언더 라인은 펜슬 또는 아이섀도로 마무리하시오.

⑩ 뷰러를 이용하여 자연 속눈썹을 컬링하시오.

⑪ 마스카라 후 검은색의 짙은 인조 속눈썹을 사용하여 끝 부분이 처지지 않도록 상승형으로 붙이시오.

⑫ 치크는 핑크색으로 광대뼈를 감싸듯 화사하게 표현하시오.

⑬ 레드 컬러의 립라이너를 이용하여 립 안쪽으로 그러데이션 하고 핑크가 가미된 레드색의 립 컬러로 블렌딩하시오.

⑭ 블랙 펜슬 또는 블랙 아이라이너를 이용하여 귀밑머리를 자연스럽게 그리시오.

[수험자 유의 사항]

① 모델은 문신(눈썹, 아이라인, 입술 등), 속눈썹 연장 및 메이크업이 되어 있지 않은 상태이어야 한다.

② 스패출러, 속눈썹 가위, 족집게, 눈썹 칼 등의 도구류를 사용 전 소독제로 소독해야 한다.

③ 메이크업 베이스, 파운데이션을 펴 바를 때 스펀지 퍼프 또는 브러시를 사용하시오.

④ 아이섀도, 치크, 립 등의 표현 시 브러시 등 적합한 도구를 사용하시오.

⑤ 화장품은 요구 사항에 지정된 제형 외에는 타입에 상관없이 자유롭게 사용하시오.

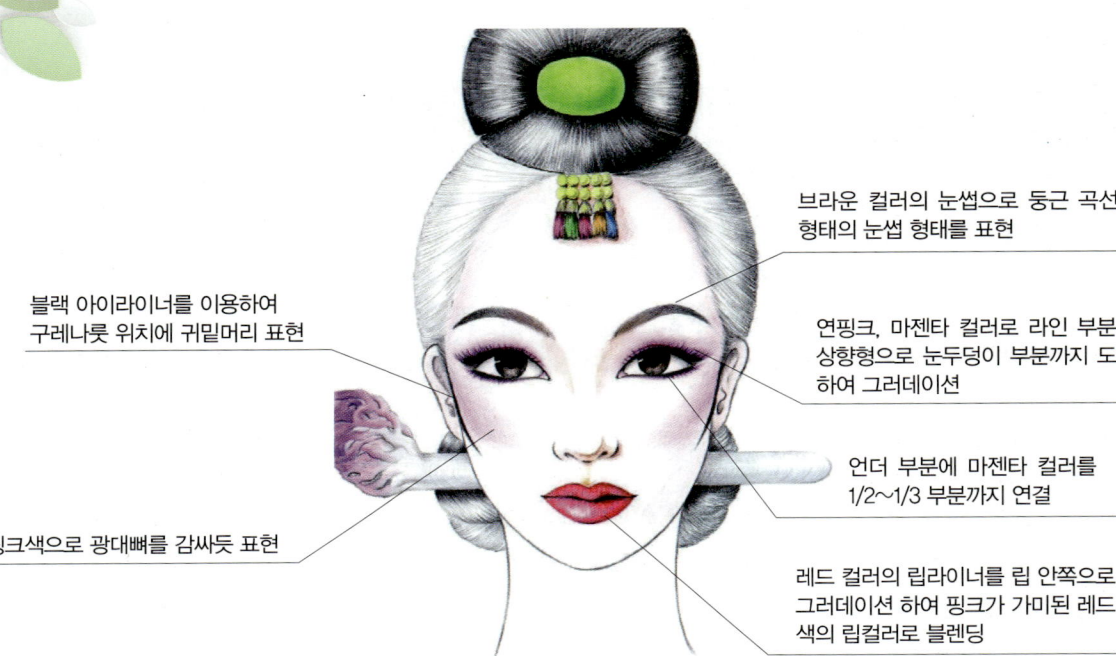

3) 시술 과정

[소독하기]

① 손 소독 : 소독제를 소독솜에 뿌려 양손의 손바닥과 손등, 손가락 사이를 꼼꼼하게 닦은 후 사용한 소독솜은 위생 봉투에 버린다.

② 도구 소독 : 팔레트, 족집게, 눈썹 칼, 스패츌러, 눈썹 가위와 같은 철제 도구 등은 소독제로 소독한다.

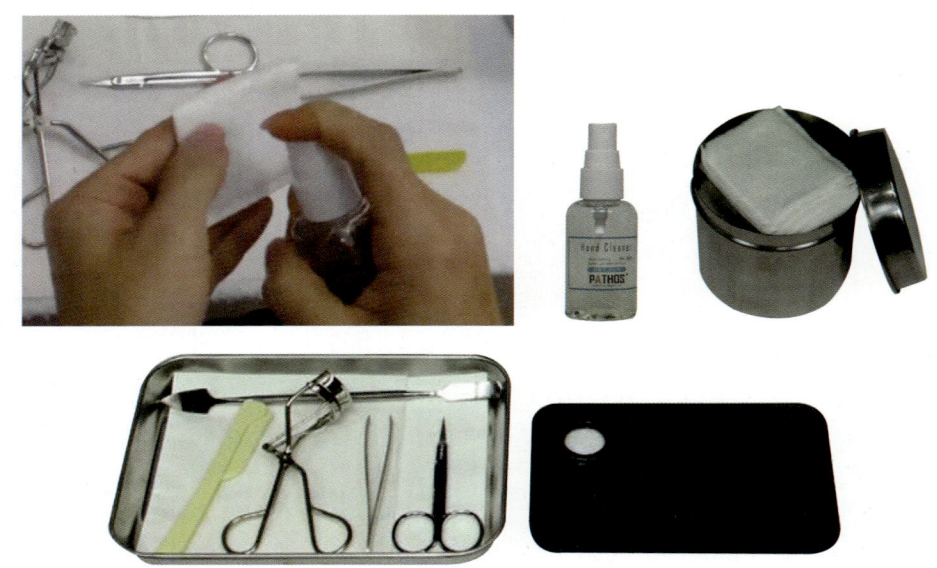

[메이크업 베이스]

TIP 메이크업 베이스

- 메이크업 베이스는 모델의 피부 톤에 알맞은 색상을 선택하여 적절하게 사용하도록 한다.
- 퍼프나 브러시를 사용하여 가볍게 발라 주며, 너무 많은 양을 사용하지 않는 것이 좋다.
- 메이크업 팔레트에 적당량을 덜어서 사용한다.

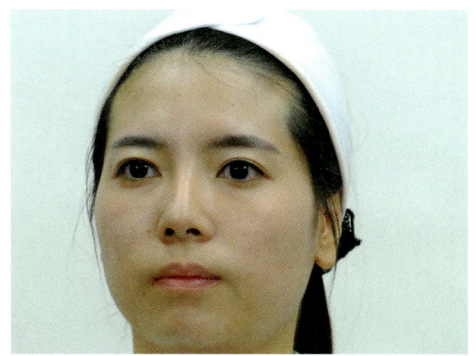

① 모델의 피부 톤을 파악하여 알맞은 베이스 컬러를 선택한다.

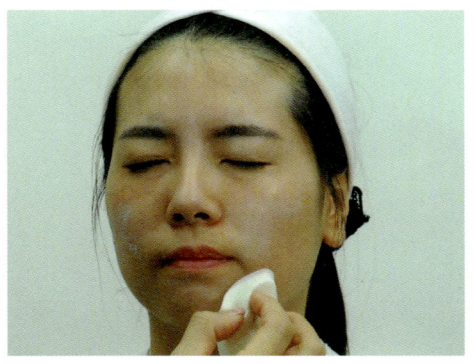

② 라텍스 퍼프 또는 베이스 브러시를 사용하여 얼굴에 찍어 준다.

[파운데이션]

① 모델의 피부 톤에 맞거나 한 톤 밝은색의 크림 파운데이션을 팔레트에 덜어 준다.

② 라텍스 퍼프를 사용하여 얼굴 전체에 발라 깨끗하고 화사한 피부 톤으로 표현한다.

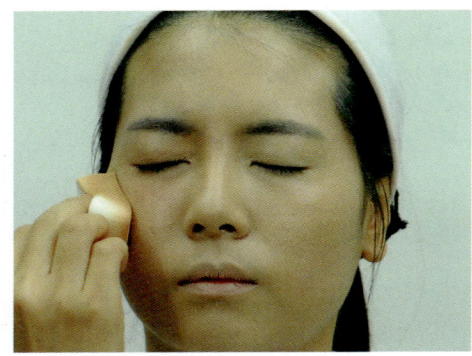

③ 섀딩과 하이라이트를 넣어 준다.

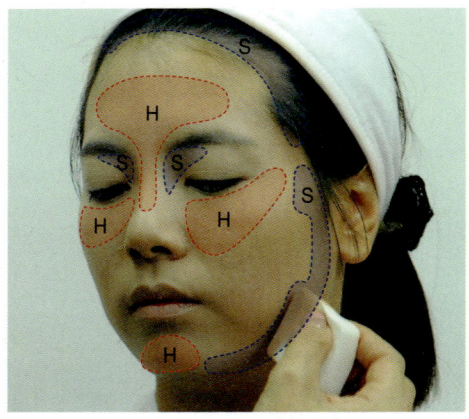

TIP 하이라이트와 섀딩

하이라이트(H)	피부 톤보다 1~2톤 정도 밝은 톤으로 표현	●
섀딩(S)	피부 톤보다 1~2톤 정도 어두운 톤으로 표현	●

[파우더]

 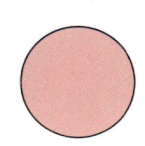  

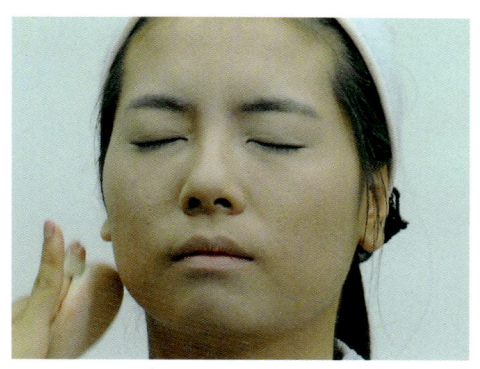

① 핑크색의 파우더를 얼굴 전체에 바른다.

[눈썹]

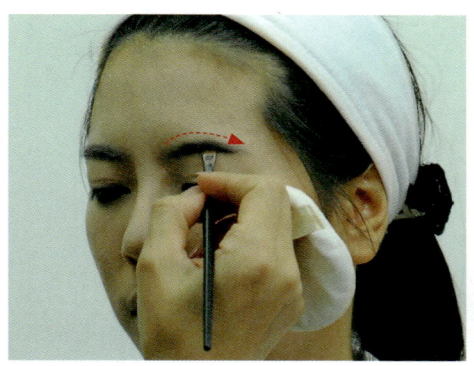

① 브라운 컬러의 눈썹으로 곡선 형태의 둥근형 눈썹 형태를 잡아 준다.

② 눈썹 산에서 눈썹꼬리 부분으로 검은색을 연결시켜 입힌다.

― 브라운 컬러
― 블랙 컬러

> **TIP** 눈썹 표현
> 눈썹 산을 지나면서 그러데이션 하여 브라운 컬러에서 블랙 컬러로 자연스럽게 색을 연결시킨다.

[아이섀도]

① 눈뼈 부분에 흰색 컬러를 바른다.

② 연핑크 컬러를 눈두덩이 부분에 발라 그러데이션 한다.

③ 마젠타 컬러로 라인 부분에서 상승형으로 그러데이션 한다.

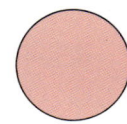 

④ 언더 부분의 마젠타 컬러를 1/2~1/3 부분까지 색을 연결한다.

[아이라인]

① 검정 펜슬로 점막과 속눈썹 사이를 채우고 눈꼬리를 상향형으로 조금 길게 연장시켜 그린다.

② 언더 라인의 점막과 눈 아래 라인을 선명하게 채운다.

[속눈썹 표현]

① 뷰러를 사용하여 자연 속눈썹의 컬을 집어 주어 올린다.

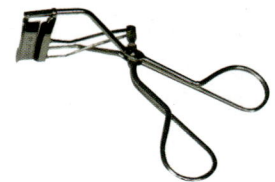

② 인조 속눈썹에 글루를 바른 후 아이라인을 따라 눈매에 맞추어 부착한다.

눈꼬리가 처지지 않게 상승형으로

③ 라인을 다시 정리하여 그려 주며 마스카라를 사용하여 자연 속눈썹에 인조 속눈썹이 자연스럽게 연결될 수 있도록 바른다.

[볼 메이크업]

① 핑크색으로 광대뼈를 감싸듯 발라 준다.

② 섀딩 컬러로 얼굴 윤곽을 잡아 준다.

③ 노즈섀딩을 조금 더 강하게 넣어주어 입체감 있게 표현한다.

[입술 표현]

① 레드 컬러의 립라이너를 립 안쪽으로 그러데이션 한다.

② 핑크가 가미된 레드색의 립 컬러로 블렌딩한다.

[귀밑머리]

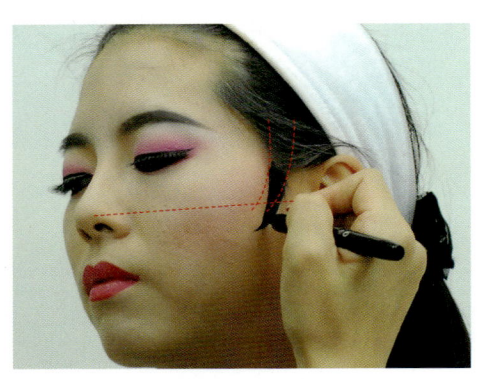

① 블랙 펜슬 또는 블랙 아이라이너를 이용하여 구레나룻 위치에 귀밑머리를 표현한다.

> **TIP** 귀밑머리 표현
> - 구레나룻 시작 지점에서 시작하여 곡선형의 귀밑머리를 끝이 뾰족한 형태로 그려 준다.
> - 길이는 코끝 아래 지점으로 내려오지 않는 정도의 라인 선상으로 그려 주며, 1~1.5cm 정도의 두께가 되도록 사선 방향으로 굴려 또렷하게 그려 준다.

[완성]

[마무리 및 정리]

① 종료 시간 1~2분 정도의 시간을 남기고 약간의 여유 시간을 두어 3과제의 수행 내용이 잘 되어 있는지 최종 점검을 하며, 사용했던 도구 및 테이블 정돈을 하도록 하자.

② 종료 알림 전까지 마무리 정돈을 마쳐야 하며 시험 종료 직전에 양손을 무릎에 가지런히 올려놓고 종료 시간 알림까지 대기하도록 한다.

03 발레 무용 메이크업

1. 사전 심사

1) 재료 준비 사항
① 본 과제에 필요한 재료 목록에 알맞게 모두 준비되어 있는가?
② 본 과제에 불필요한 도구 및 재료가 세팅되어 있지 않는가?
③ 작업대 위에 재료 및 도구들이 위생적으로 잘 정리되어 있는가?
④ 사전에 미리 작업을 해 오거나 재료나 도구 등에 구별을 위한 표식이 있지는 않는가?

2) 수험자 및 모델의 복장
① 수험자와 모델이 각 규정에 맞는 복장을 올바르게 착용하고 있는가?
② 수험자와 모델이 규정에 맞지 않는 액세서리 등을 착용하고 있지 않는가?
③ 수험자와 모델이 시험 전 사전 준비 상태가 올바르게 되어 있는가?

2. 본심사

1) 시술 및 숙련도
① 시술 순서를 알맞게 진행하였나?
② 시술 과정이 능숙하게 작업되었는가?

2) 메이크업 과정
① 베이스 메이크업 시술 과정
- 모델의 피부 톤에 알맞은 메이크업 베이스를 선택하여 고르게 바른다.
- 모델의 피부 톤에 알맞은 파운데이션을 사용하여 결점을 커버하여 피부 표현을 한다.
- 윤곽 수정 과정 후 **핑크톤의 파우더로 매트하게** 표현한다.

② 아이브로 시술 과정
- **다크 브라운색에서 블랙색**으로 자연스럽게 연결되도록 한다.
- **아치형**의 형태로 표현한다.

③ 아이 메이크업 시술 과정
- **핑크와 퍼플 컬러**를 사용하여 **아이홀 모양**으로 그러데이션을 한다.
- 아이홀 안쪽 부분은 **흰색**으로 밝게 표현한다.

- 아이라인 선을 따라 **아쿠아 블루색** 포인트를 주고, 언더 부분도 일정 간격을 띄워 아쿠아 블루색을 넣는다.
- 언더 라인의 간격 안쪽은 흰색으로 밝게 표현한다.
- **눈뼈 부분**에 **흰색**으로 밝은 하이라이트를 표현한다.

④ 아이라인 시술 과정
- 속눈썹 사이를 메워 그리고 도면과 같이 눈매를 교정한다.
- 눈의 앞머리 부분을 뾰족하게 **캣츠아이**로 표현한다.
- 언더의 아쿠아 블루색을 따라서 **검정 라인**을 그리고, **언더 속눈썹**을 도안과 같이 그려 준다.

⑤ 속눈썹 시술 과정
- 뷰러를 이용하여 자연 속눈썹을 컬링한다.
- 인조 속눈썹을 모델의 눈에 맞춰 붙이고, 깊고 그윽한 눈매를 연출한다.

⑥ 치크 시술 과정
- **핑크색**으로 광대뼈를 감싸듯 표현하고 **얼굴 전체를 핑크톤으로** 가볍게 쓸어 표현한다.
- 섀딩 컬러를 사용하여 얼굴 윤곽을 살려 입체감을 준다.

⑦ 입술 시술 과정
- **로즈 컬러의 라이너**로 입술 라인을 **또렷하고** 깔끔하게 잡아 준다.
- **핑크 컬러로 안쪽을** 그러데이션 하며 채운다.

⑧ 전체 완성도
- 작업 완료 후 정리 정돈을 잘하여 마무리한다.
- 과제 수행 완료를 잘 완성하였는지 체크한다.

3. 과제 준비물

준비물	소독 및 위생	위생가운, 어깨보, 헤어밴드, 흰색타월, 소독제, 탈지면 용기, 화장솜
	베이스 메이크업	메이크업 베이스, 파운데이션, 페이스 파우더
	포인트 메이크업	아이섀도 팔레트, 립 팔레트, 아이라이너, 마스카라, 아이브로 펜슬, 인조 속눈썹
	기타 도구	속눈썹 접착제, 눈썹 칼, 눈썹 가위, 브러시 세트, 스펀지(퍼프), 스패출러, 분첩, 뷰러, 미용티슈, 물티슈, 면봉, 족집게, 클렌징 제품, 아쿠아 물감, 아쿠아용 브러시, 물통

4. 작업 과정

1) 심사 내용

과제 유형	시험 시간	배점	사전 심사	소독	베이스	눈썹	눈	캐릭터	입술	완성도
발레 무용	50분	25점	2점	3점	3점	3점	4점	3점	3점	4점

2) 요구 사항 및 수험자 유의 사항

[요구 사항]

① 과제를 수행하기 전 수험자의 손 및 도구류를 소독한 후 제시된 도면을 참고하여 발레 메이크업 스타일을 연출하시오.
② 모델의 피부 톤에 적합한 메이크업 베이스를 선택하여 얇고 고르게 펴 바르시오.
③ 모델의 피부 톤에 맞춰 결점을 커버하고 파운데이션으로 깨끗하게 피부 표현을 하시오.
④ 섀딩과 하이라이트로 윤곽 수정 후 핑크 파우더로 매트하게 마무리하시오.
⑤ 눈썹은 다크 브라운색으로 시작하여 블랙으로 자연스럽게 연결되도록 표현하며, 모델의 얼굴형을 고려하여 갈매기 형태로 그리시오.
⑥ 눈썹 뼈에 흰색으로 하이라이트를 주어 입체감 있는 눈매를 연출하시오.
⑦ 아이홀은 핑크와 퍼플 컬러를 이용하여 그러데이션 하고 홀의 안쪽은 흰색으로 채워 표현하시오.
⑧ 속눈썹 라인을 따라서 아쿠아 블루색으로 포인트를 주고 언더 라인도 같은 색으로 눈과 일정한 간격을 두고 그린 후 흰색을 넣어 눈이 커 보이도록 표현하시오.
⑨ 검은색 아이라이너를 사용하여 도면과 같이 아이라인과 언더 라인을 길게 그리시오.
⑩ 뷰러를 이용하여 자연 속눈썹을 컬링하시오.
⑪ 마스카라 후 검은색의 짙은 인조 속눈썹을 사용하여 끝부분이 처지지 않도록 상승형으로 붙이시오.
⑫ 치크는 핑크색으로 광대뼈를 감싸듯 화사하게 표현하시오.
⑬ 로즈 컬러의 립라이너를 이용하여 립 안쪽으로 그러데이션 하고 핑크색 립 컬러로 블렌딩하시오.

[수험자 유의 사항]

① 모델은 문신(눈썹, 아이라인, 입술 등), 속눈썹 연장 및 메이크업이 되어 있지 않은 상태이어야 한다.
② 스패출러, 속눈썹 가위, 족집게, 눈썹 칼 등의 도구류를 사용 전 소독제로 소독해야 한다.
③ 메이크업 베이스, 파운데이션을 펴 바를 때 스펀지 퍼프 또는 브러시를 사용하시오.
④ 아이섀도, 치크, 립 등의 표현 시 브러시 등 적합한 도구를 사용하시오.
⑤ 화장품은 요구 사항에 지정된 제형 외에는 타입에 상관없이 자유롭게 사용하시오.

다크브라운 컬러의 눈썹으로 갈매기 형태의 아치형 눈썹을 그려 준 후 눈썹 산에서 눈썹꼬리 부분으로 검은색으로 색상 연결

눈앞머리를 앞쪽으로 뾰족하고 길게 연장하여 표현

핑크→퍼플로 홀 라인을 잡아 그러데이션을 하며 눈뼈 부분에 흰색으로 하이라이트를 강하게 줌

눈 꼬리를 상향형으로 조금 길고 두께감이 있게 연장시켜 표현

핑크색으로 광대뼈를 감싸듯 바름

- 언더 라인 : 아쿠아 블루색의 라인을 잡아주고 그 위에 검은색으로 얇게 눈매를 따라 라인을 그림
- 언더 라인에 4개의 선을 그림

로즈컬러의 립라이너로 립 안쪽으로 그러데이션 한 후 핑크색 립컬러로 블렌딩

3) 시술 과정

[소독하기]

① 손 소독 : 소독제를 소독솜에 뿌려 양손의 손바닥과 손등, 손가락 사이를 꼼꼼하게 닦은 후 사용한 소독솜은 위생 봉투에 버린다.

② 도구 소독 : 팔레트, 족집게, 눈썹칼, 스패츌러, 눈썹 가위와 같은 철제 도구 등은 소독제로 소독한다.

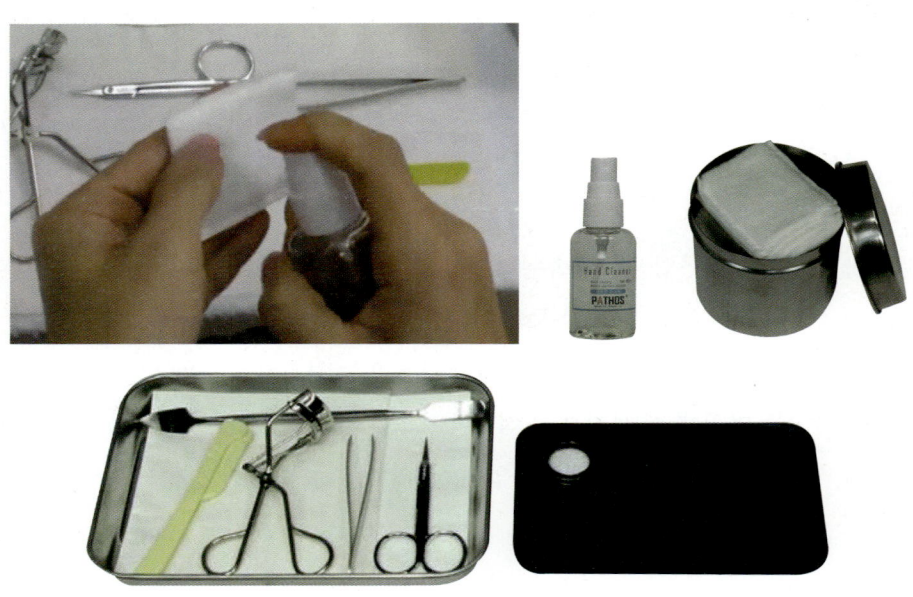

[메이크업 베이스]

> **TIP** 메이크업 베이스
>
> • 메이크업 베이스는 모델의 피부 톤에 알맞은 색상을 선택하여 적절하게 사용하도록 한다.
> • 퍼프나 브러시를 사용하여 가볍게 발라 주며, 너무 많은 양을 사용하지 않는 것이 좋다.
> • 메이크업 팔레트에 적당량을 덜어서 사용한다.

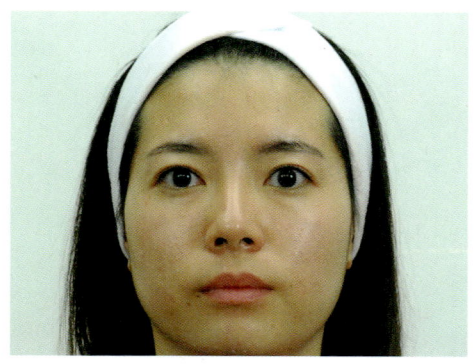

① 모델의 피부 톤을 파악하여 알맞은 베이스 컬러를 선택한다.

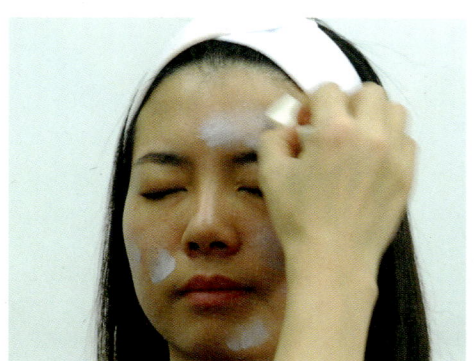

② 라텍스 퍼프 또는 베이스 브러시를 사용하여 얼굴에 찍어 준다.

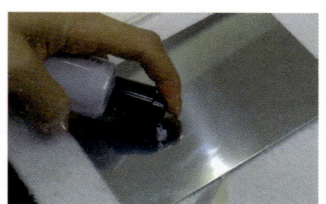

[파운데이션]

① 모델의 피부 톤에 맞는 크림 파운데이션을 팔레트에 덜어 준다.

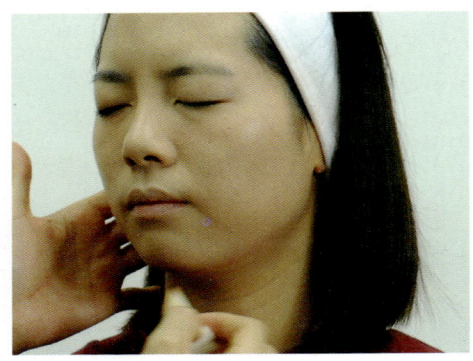

② 라텍스 퍼프를 사용하여 얼굴 전체에 크림 파운데이션을 피부 톤에 맞는 컬러로 발라 준다.

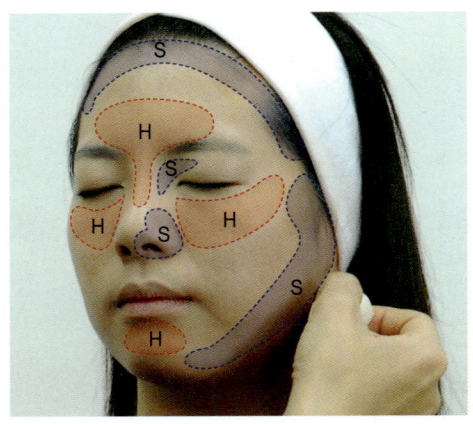

③ 섀딩과 하이라이트를 넣어 준다.

TIP 하이라이트와 섀딩

하이라이트(H)	피부 톤보다 1~2톤 정도 밝은 톤으로 표현	
섀딩(S)	피부 톤보다 1~2톤 정도 어두운 톤으로 표현	

[파우더]

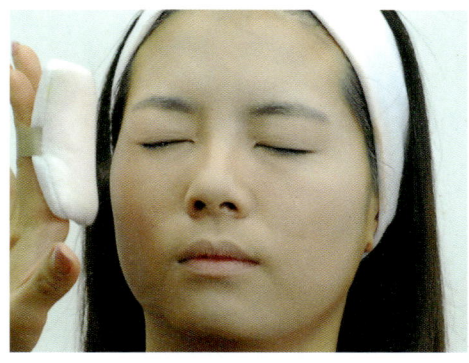

① 핑크색의 파우더를 얼굴 전체에 바른다.

[눈썹]

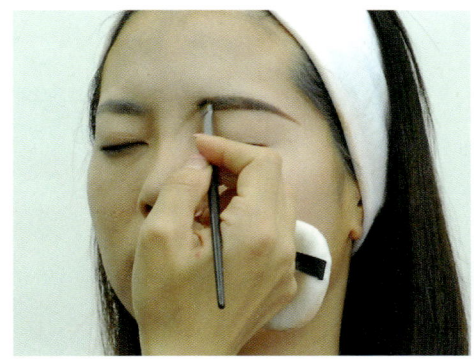

① 다크 브라운 컬러의 눈썹으로 갈매기 형태의 아치형 눈썹을 그린다.

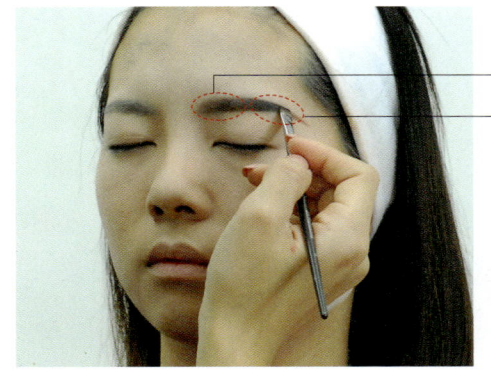

② 눈썹 산에서 눈썹꼬리 부분으로 검은색을 연결하여 입힌다.

브라운 컬러
블랙 컬러
눈썹 산을 지나면서 그러데이션 하여 브라운 컬러에서 블랙 컬러로 자연스럽게 색을 연결

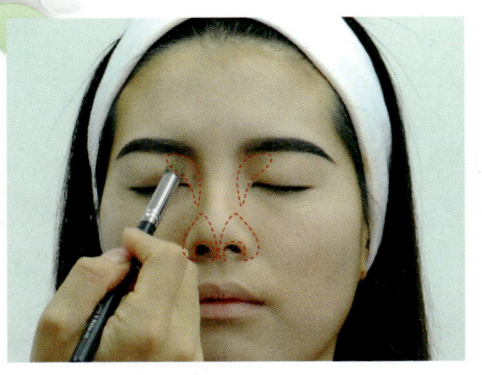

③ 눈썹 앞머리를 그러데이션 하고 섀딩 컬러로 노즈섀딩을 넣어 콧대를 세워 입체감을 준다.

[아이섀도]

① 눈뼈와 눈두덩이 부분에 흰색 컬러를 바른다.

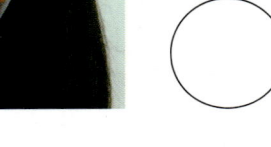

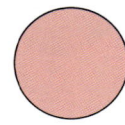

② 작은 브러시를 사용하여 핑크 컬러를 눈두덩이 부분에 홀 라인을 잡아 색을 살짝 펴 준다.

③ 퍼플 컬러로 홀 라인 부분을 선명하게 잡아주면서 눈꼬리가 올라가는 상향형으로 그러데이션 한다.

④ 언더 부분에 화이트 컬러를 바른다.

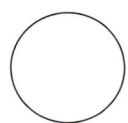

⑤ 아쿠아 블루 컬러로 언더 라인에 일정 간격을 띄어서 라인을 그려 준다. 앞부분이 뾰족하게 형태를 잡는다.

언더 라인 안쪽을 흰색으로 눈매 모양을 따라 띄어 색을 넣음

⑥ 아쿠아 블루 컬러를 위의 눈두덩이 부분에 아이라인 위치보다 약간 크게 색을 넣어 준다.

[아이라인]

① 검정 라이너로 점막과 속눈썹 사이를 채우고 눈꼬리를 상향형으로 조금 길고 두께감이 있게 연장하여 그려 준다.

② 눈앞머리를 앞쪽으로 뾰족하고 길게 연장하여 그려 준다.

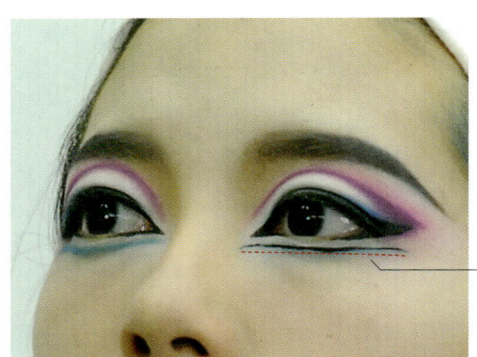

③ 언더 라인은 아쿠아 블루색을 넣은 부분의 윗부분에 얇게 눈매를 따라 라인을 그려 준다.

— 언더 라인의 눈매를 따라 띄어서 표현

④ 언더 라인에 4개의 선을 그려 준다.

TIP 세부 표현

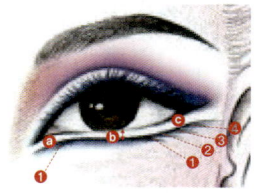

- 중앙의 공간(ⓑ)는 앞부분(ⓐ)이나 뒷부분(ⓒ)에 비해 좁게 그리도록 하며 너무 넓게 띄우지 않도록 한다.
- 사선 방향으로 라인끼리 평행선 구도로 그려 준다.
- 앞라인 : 1개
- 뒷라인 : 4개

[속눈썹 표현]

① 뷰러를 사용하여 자연 속눈썹의 컬을 집어 주어 올린다.

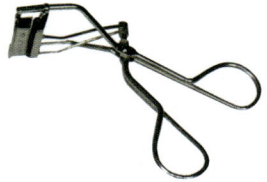

② 인조 속눈썹에 글루를 바른 후 아이라인을 따라 눈매에 맞추어 부착한다.

③ 속눈썹을 붙인 부분 위로 라인을 다시 정리하여 준다.

④ 마스카라를 사용하여 자연 속눈썹에 인조 속눈썹이 자연스럽게 연결될 수 있도록 바른다.

[볼 메이크업]

① 핑크색으로 광대뼈를 감싸듯 발라 준다.

② 섀딩 컬러로 얼굴 윤곽을 잡아 준다.

> **TIP** 볼 표현
> - 뷰티 메이크업에서 사용했던 핑크 블러셔 컬러보다 한 톤 정도 진한 핑크색의 볼 컬러로 표현하도록 한다.
> - 경계라인 부분이 뭉치지 않게 그러데이션 한다.

[입술 표현]

① 로즈 컬러의 립라이너를 립 안쪽으로 그러데이션 한다.

② 핑크색의 립 컬러로 블렌딩해 준다.

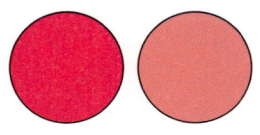

[완성]

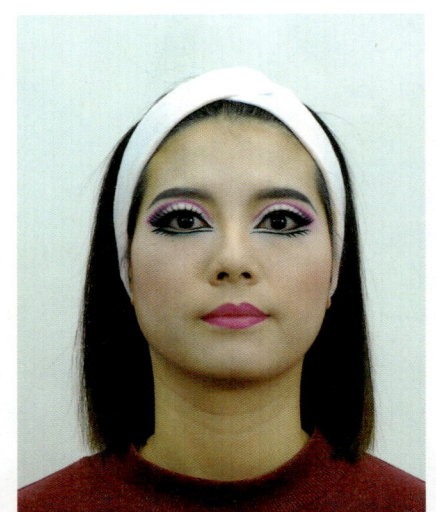

③ T존, 눈 밑, 턱 끝에 하이라이트 정리를 해주며 눈뼈 부분에 흰색의 하이라이트를 다시 한 번 넣어주어 입체감이 살아날 수 있도록 한다.

[마무리 및 정리]

① 종료 시간 1~2분 정도의 시간을 남기고 약간의 여유 시간을 두어 3과제의 수행 내용이 잘 되어 있는지 최종 점검을 하며, 사용했던 도구 및 테이블 정돈을 하도록 하자.
② 종료 알림 전까지 마무리 정돈을 마쳐야 하며 시험 종료 직전에 양손을 무릎에 가지런히 올려놓고 종료 시간 알림까지 대기하도록 한다.

04 노인(추면) 메이크업

1. 사전 심사

1) 재료 준비 사항

① 본 과제에 필요한 재료 목록에 알맞게 모두 준비되어 있는가?

② 본 과제에 불필요한 도구 및 재료가 세팅되어 있지 않는가?

③ 작업대 위에 재료 및 도구들이 위생적으로 잘 정리되어 있는가?

④ 사전에 미리 작업을 해 오거나 재료나 도구 등에 구별을 위한 표식이 있지는 않는가?

2) 수험자 및 모델의 복장

① 수험자와 모델이 각 규정에 맞는 복장을 올바르게 착용하고 있는가?

② 수험자와 모델이 규정에 맞지 않는 액세서리 등을 착용하고 있지 않는가?

③ 수험자와 모델이 시험 전 사전 준비 상태가 올바르게 되어 있는가?

2. 본심사

1) 시술 및 숙련도

① 시술 순서를 알맞게 진행하였나?

② 시술 과정이 능숙하게 작업되었는가?

2) 메이크업 과정

① 베이스 메이크업 시술 과정
- 모델의 피부 톤에 알맞은 메이크업 베이스를 선택하여 고르게 바른다.
- 모델의 피부 톤보다 한 톤 어두운 파운데이션으로 피부 표현을 한다.
- 섀딩 파운데이션으로 얼굴의 굴곡 부분을 표현한다.
- 하이라이트 파운데이션으로 얼굴의 돌출 부분을 표현한다.
- 얼굴의 큰 주름을 표현한 후 피부 톤에 알맞은 파우더로 가볍게 표현한다.

② 주름 표현 시술 과정
- **갈색** 펜슬을 이용하여 얼굴의 주름(이마, 눈가장자리와 눈 밑 부위, 미간과 코 부위, 볼 부위, 팔자주름, 입술과 구각 주름)을 그리고 음영을 표현하여 자연스럽게 그러데이션 한다.
- 파우더로 매트하게 마무리한다.

③ **아이브로 시술 과정**

자연스럽고 **진하지 않게 회갈색**으로 표현한다.

④ **입술 시술 과정**
- **내추럴 베이지** 컬러를 이용하여 입술 안쪽부터 그러데이션하여 바른다.
- 입술은 모델의 입모양을 오므려 발라 자연스러운 주름을 표현한다.

⑤ **전체 완성도**
- 작업 완료 후 정리 정돈을 잘하여 마무리한다.
- 과제 수행 완료를 잘 완성하였는지 체크한다.

3. 과제 준비물

준비물	소독 및 위생	위생가운, 어깨보, 헤어밴드, 흰색타월, 소독제, 탈지면 용기, 화장솜
	베이스 메이크업	메이크업 베이스, 파운데이션, 페이스 파우더
	포인트 메이크업	아이섀도 팔레트, 립 팔레트, 아이라이너, 마스카라, 아이브로 펜슬, 인조 속눈썹
	기타 도구	속눈썹 접착제, 눈썹 칼, 눈썹 가위, 브러시 세트, 스펀지(퍼프), 스파출러, 분첩, 뷰러, 미용티슈, 물티슈, 면봉, 족집게, 클렌징 제품, 아쿠아 물감, 아쿠아용 브러시, 물통

4. 작업 과정

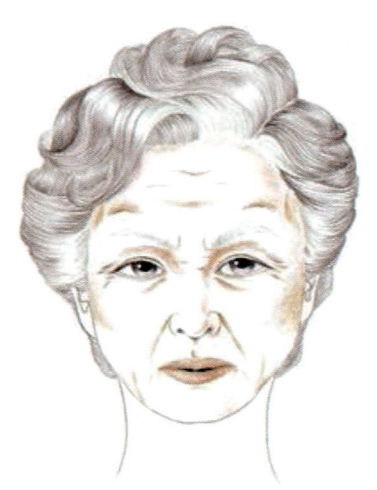

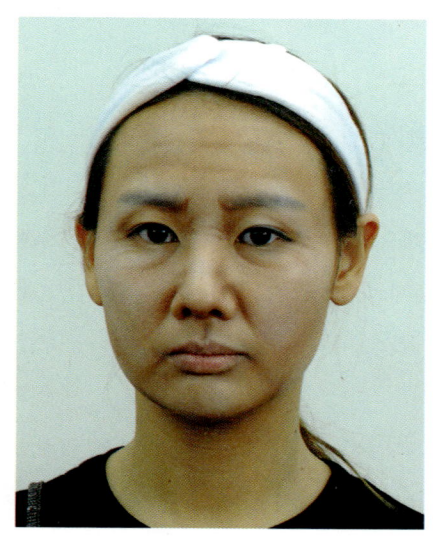

1) 심사 내용

과제 유형	시험 시간	배점	사전 심사	소독	베이스	눈썹	눈	캐릭터	입술	완성도
노인	50분	25점	2점	3점	3점	3점	4점	3점	3점	4점

2) 요구 사항 및 수험자 유의 사항

[요구 사항]

① 과제를 수행하기 전 수험자의 손 및 도구류를 소독한 후 제시된 도면을 참고하여 노인 메이크업 스타일을 연출하시오.

② 모델의 피부 톤에 알맞은 메이크업 베이스를 선택하여 고르게 바르시오.

③ 모델의 피부톤보다 한 톤 어두운 파운데이션으로 피부 표현을 하시오.

④ 섀딩 컬러로 얼굴의 굴곡 부분을 표현하시오.

⑤ 하이라이트 파운데이션으로 돌출 부분을 표현하시오.

⑥ 갈색 펜슬을 이용하여 얼굴의 주름(이마, 눈 가장자리와 눈 밑 부위, 미간과 코 부위, 볼 부위, 팔자주름, 입술과 구각 주름)을 그리고 음영을 표현하여 자연스럽게 그러데이션 하시오.

⑦ 파우더로 매트하게 마무리하시오.

⑧ 눈썹은 자연스럽고 진하지 않게 회갈색을 이용하여 표현하시오.

⑨ 립 컬러는 내츄럴 베이지를 이용하여 입술 안쪽부터 그러데이션하여 바르시오.
⑩ 입술은 모델의 입 모양을 오므려 발라 자연스러운 주름을 표현하시오.

[수험자 유의 사항]

① 모델은 문신(눈썹, 아이라인, 입술 등), 속눈썹 연장 및 메이크업이 되어 있지 않은 상태이어야 한다.
② 스패츌러, 속눈썹 가위, 족집게, 눈썹 칼 등의 도구류를 사용 전 소독제로 소독해야 한다.
③ 메이크업 베이스, 파운데이션을 펴 바를 때 스펀지 퍼프 또는 브러시를 사용하시오.
④ 아이섀도, 치크, 립 등의 표현 시 브러시 등 적합한 도구를 사용하시오.
⑤ 화장품은 요구 사항에 지정된 제형 외에는 타입에 상관없이 자유롭게 사용하시오.

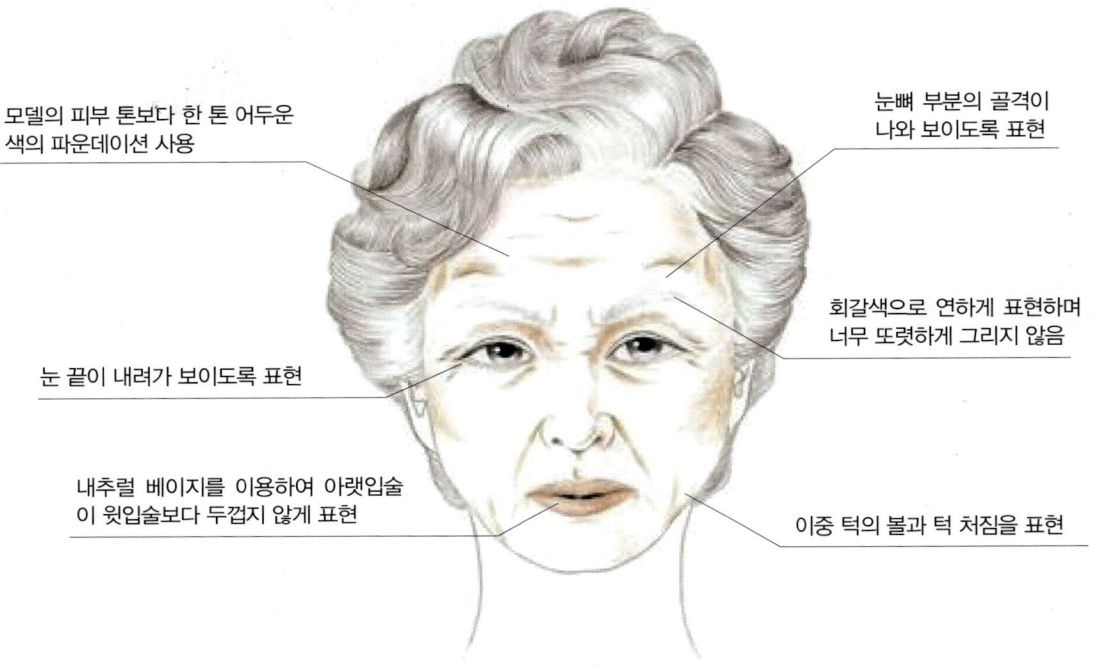

[소독하기]

① 손 소독 : 소독제를 소독솜에 뿌려 양손의 손바닥과 손등, 손가락 사이를 꼼꼼하게 닦은 후 사용한 소독솜은 위생 봉투에 버린다.
② 도구 소독 : 팔레트, 족집게, 눈썹칼, 스패츌러, 눈썹 가위와 같은 철제 도구 등은 소독제로 소독한다.

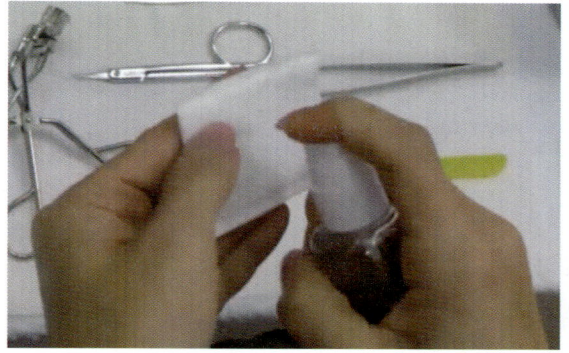
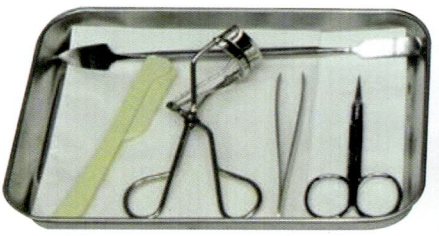

[메이크업 베이스]

> **TIP** 메이크업 베이스
> - 메이크업 베이스는 모델의 피부 톤에 알맞은 색상을 선택하여 적절하게 사용하도록 한다.
> - 퍼프나 브러시를 사용하여 가볍게 발라 주며, 너무 많은 양을 사용하지 않는 것이 좋다.
> - 메이크업 팔레트에 적당량을 덜어서 사용한다.

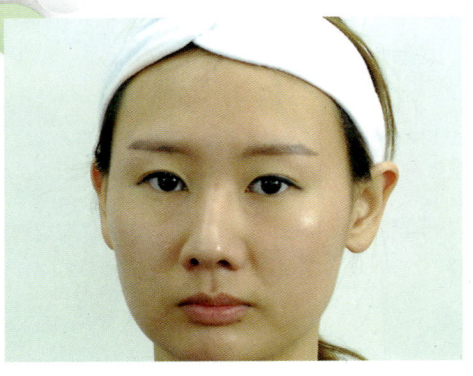

① 모델의 피부 톤을 파악하여 알맞은 베이스 컬러를 선택한다.

② 라텍스 퍼프 또는 베이스 브러시를 사용하여 얼굴에 찍어 준다.

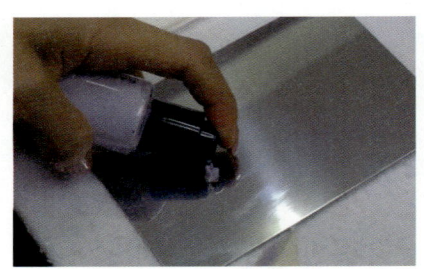

[파운데이션]

① 모델의 피부 톤보다 한 톤 어두운색의 파운데이션을 팔레트에 덜어 준다.

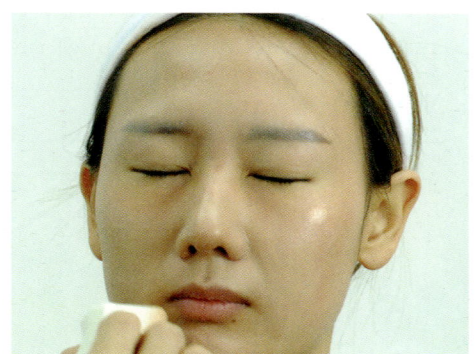

② 라텍스 퍼프를 사용하여 얼굴 전체에 발라 준다.

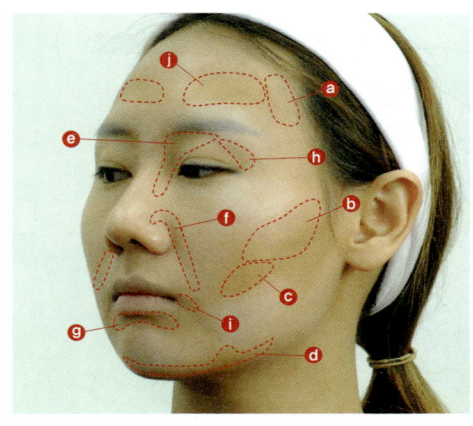

③ 섀딩 베이스로 굴곡이 있는 부분의 어두운 부분의 큰 명암을 잡아 준다.

> **TIP** 골격잡기 섀딩 베이스의 톤 차이 비교
>
> • 진한 톤 : ⓐ~ⓔ구역
> • 중간 톤 : ⓕ~ⓘ구역

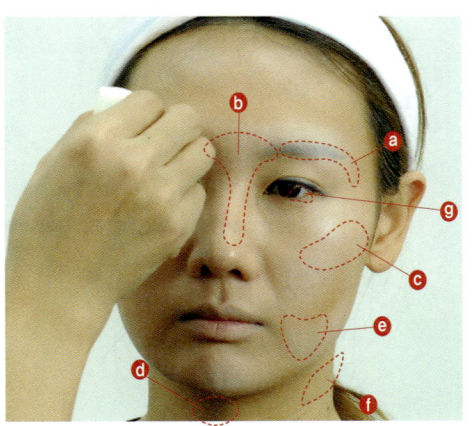

④ 밝은색의 하이라이트 베이스를 넣고 색을 펴 준다.

Part 4_ 제3과제 : 캐릭터 메이크업

> **TIP** 골격잡기 하이라이트 베이스의 톤 차이 비교
> - 가장 밝은 톤 : ⓐ~ⓓ구역
> - 중간 톤 : ⓔ~ⓖ구역

[파우더]

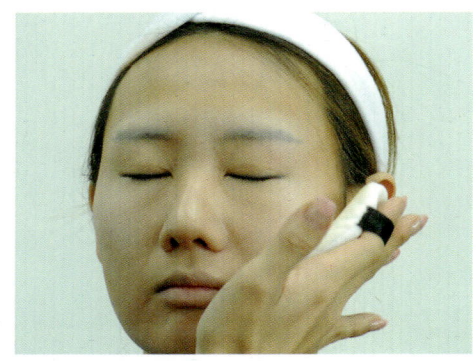

① 파우더를 얼굴 전체에 가볍게 바른다.

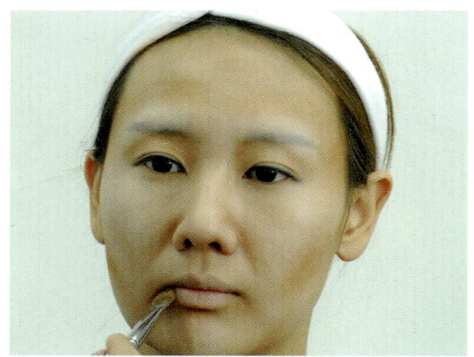

② 파우더를 바른 후 브러시를 사용하여 섀딩 컬러와 하이라이트 컬러로 큰 골격 부분의 음영을 조금 더 강조시킨다.

[캐릭터 표현법]

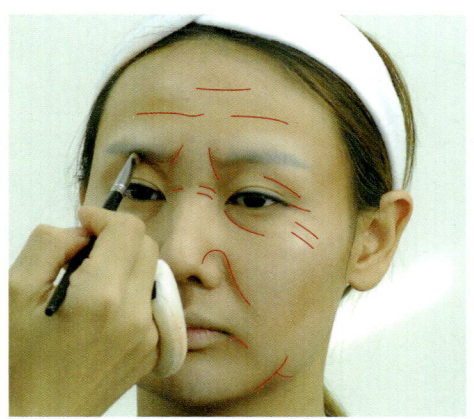

① 브라운 펜슬을 사용하여 큰 주름의 위치에 선을 잡아 준 후 작고 납작한 브러시로 그러데이션 한다.

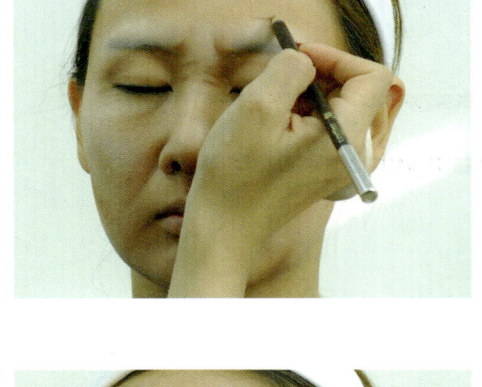

② 이마 부분의 옅은 주름은 펜슬로 자연스럽게 선을 잡아 그러데이션 한다.

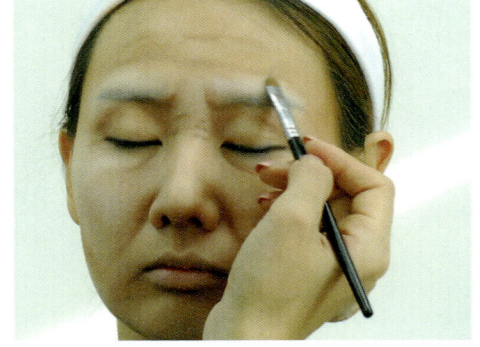

③ 밝은 베이지색 섀도를 뼈가 있는 부분에 넣어 눈썹 부분의 뼈와 이마 부분의 튀어나온 골격을 표현한다.

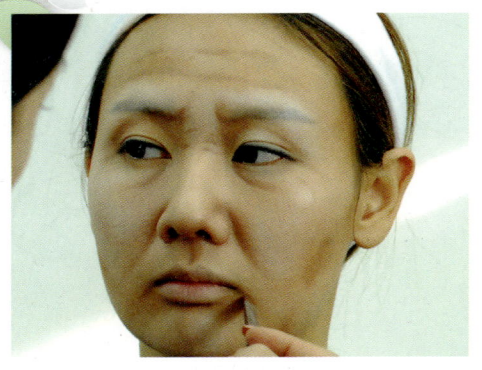

④ 작고 납작한 브러시를 사용하여 미세 주름과 세밀한 음영을 표현해 준다.

[눈썹 그리기]

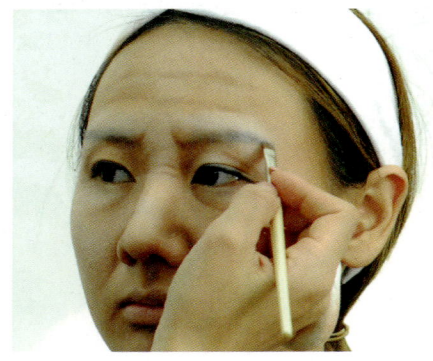

① 연하게 회갈색으로 표현하며 너무 또렷하게 그리지 않는다.

 노역 눈썹

노역 분장의 눈썹은 일반 뷰티 메이크업과는 다르게 형태를 아름답게 표현하기보다는 하향형의 눈썹 형태 또는 결 방향으로 채우듯이 자연스럽게 표현하는 것이 좋다.

[입술 표현]

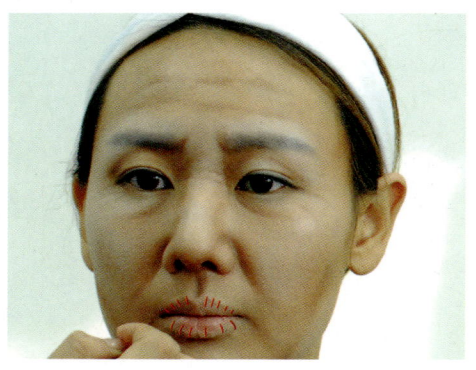

① 입술을 살짝 오므려 주름이 생기게 하고 그 위에 파운데이션을 가볍게 발라 주름을 표현한다.

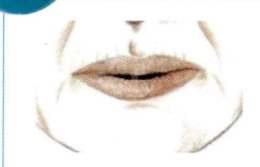

입술 주름을 표현하기 위해 브라운 펜슬로 라인을 잡는다.

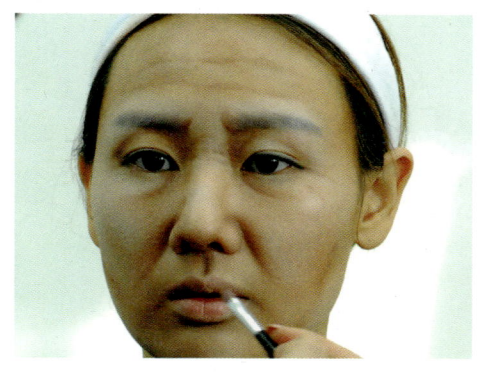

② 립라인은 내추럴 베이지를 이용하여 아랫입술이 윗입술보다 두껍지 않게 표현한다.

TIP

입술 라인은 주름 표현을 제외한 립 컬러의 라인이 진하지 않아야 하며 모델의 입술색이 붉은 경우 파운데이션을 사용하여 혈색을 커버한 후 내추럴 베이지 립 컬러를 바르도록 한다.

[완성]

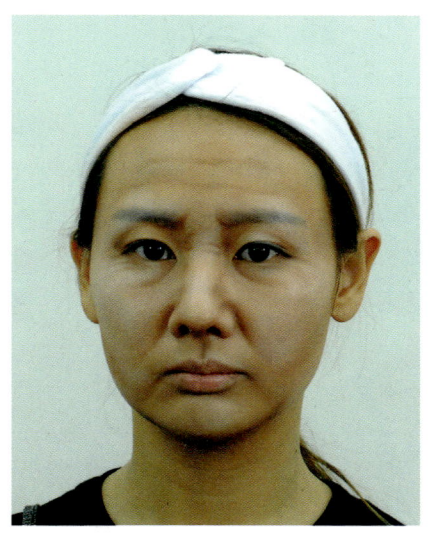

[마무리 및 정리]

① 종료 시간 1~2분 정도의 시간을 남기고 약간의 여유 시간을 두어 3과제의 수행 내용이 잘 되어 있는지 최종 점검을 하며, 사용했던 도구 및 테이블 정돈을 하도록 하자.

② 종료 알림 전까지 마무리 정돈을 마쳐야 하며 시험 종료 직전에 양손을 무릎에 가지런히 올려놓고 종료 시간 알림까지 대기하도록 한다.

제4과제 : 속눈썹 익스텐션 및 미디어 수염

1 속눈썹 익스텐션

모가 짧고 숱이 없는 속눈썹을 풍성하고 긴 속눈썹으로 연출함으로써 아름답고 자신감 있는 눈매를 연출·디자인하는 미용 시술의 한 분야이다. 1회용 속눈썹에 비해 지속력이 있고 통증이 없다. 또한 디자인 변경과 길이 조정이 용이하며 자연스러운 속눈썹을 연출할 수 있다. 속눈썹 익스텐션 전용 글루를 사용하여 자연 속눈썹에 부착하는 방식으로 시술하며, 컬의 종류에 따라 내추럴한 속눈썹, 선명한 속눈썹, 긴 속눈썹 등의 다양한 속눈썹 표현이 가능하다.

1. 속눈썹의 종류

길이	8mm, 9mm, 10mm, 11mm, 12mm, 13mm
굵기	0.1mm, 0.15mm, 0.2mm
컬의 종류	평컬, J컬, JC컬, C컬, CC컬, R컬, L컬(뷰러컬), Y컬, W컬, 언더컬

2. 가모의 종류

천연모	인조모에 비해 가볍고 자연스럽고 부드러운 눈썹 연출 가능
합성섬유모	• 합성섬유 원료의 가모 • 진하고 또렷한 눈매 연출과 매끄러운 속눈썹 연출 가능

3. 시술 시 주의사항

- 눈썹 가모를 부착 시 모근에서 1~1.5mm 정도 띄어서 부착을 하도록 한다.
- 시술 후 눈가의 메이크업을 클렌징할 때 크림이나 오일 타입은 피하는 것이 좋다.

- 가능한 시술 부위의 눈을 비비거나 만지지 않도록 주의한다.
- 세안 시 부드럽고 자극이 덜 가도록 부드럽게 시행한다.
- 시술 부위에 마스카라 사용을 자제하고 영양제를 사용하여 사후 관리를 한다.

4. 속눈썹 연장 재료와 도구

① 전처리제 : 자연 속눈썹의 단백질을 제거할 때 사용하며 가모 부착 전에 바른다.
② 글루 : 속눈썹 원모에 가모를 붙이는 접착제로 반드시 KC인증된 제품으로 사용한다.
③ 눈썹 브러시 : 눈썹을 정리 및 가모 접착 후 빗어 줄 때 사용한다.
④ 강화제 &코팅제 : 글루 강화제로 연장 후 유지력을 높인다.
⑤ 영양제 : 원모손상 방지 또는 원모를 건강하게 유지한다.
⑥ 리무버 : 속눈썹 연장 제거 시 글루를 녹여 제거에 용이하도록 한다.
⑦ 글루판 또는 옥돌 : 글루를 덜어 쓰는 도구
⑧ 핀셋 : 두 개의 핀셋을 이용하여 가모를 잡을 때 사용한다.
⑨ 아크릴판 : 가모를 길이별로 부착하여 사용한다.
⑩ 아이패치 : 눈썹 라인을 따라 눈밑에 부착하여 사용한다.
⑪ 마이크로 면봉 : 전처리제 및 리무버 사용 시 눈썹에 사용한다.
⑫ 우드 스패츌러(우드 스틱) : 전처리제 또는 리무버 사용 시 눈썹 아래에 대고 받쳐 주며 사용한다.

2 미디어 수염

미디어 수염 분장의 재료 및 도구로는 생사와 인조사가 있으며, 모발색을 기준으로 하여 색상과 소재를 선택할 수 있다. 스프리트검 또는 프로세이드를 사용하여 피부에 접착하며 노화의 정도에 따라 흰색과 검은색을 섞어 사용한다.

생사	• 누에고치에서 추출한 명주 비단실 • 염색이 가능하며 부드럽고 자연스러움 • 물에 취약하며 유지력 낮음
인조사	• 화학섬유로 가발과 수염 제작에 사용 • 윤기와 광택이 있는 뻣뻣한 재질로 모가 강함 • 다양한 길이로 작업이 가능하며 웨이브를 만들어 사용
혼합사	• 생사와 인조사를 혼합하여 사용 • 생사와 인조사의 단점을 보완할 수 있어 효율적

01 속눈썹 익스텐션

1. 사전 심사

1) 재료 준비 사항

① 본 과제에 필요한 재료 목록에 알맞게 모두 준비되어 있는가?

② 본 과제에 불필요한 도구 및 재료가 세팅되어 있지 않는가?

③ 작업대 위에 재료 및 도구들이 위생적으로 잘 정리되어 있는가?

④ 사전에 미리 작업을 해 오거나 재료나 도구 등에 구별을 위한 표식이 있지는 않는가?

⑤ 사전 마네킹에 5~6mm의 연장되어 있지 않은 인조 속눈썹을 부착하여 준비하였는가?

2) 수험자의 복장

① 수험자는 각 규정에 맞는 복장을 올바르게 착용하고 있는가?

② 수험자는 시험 전 사전 준비 상태가 올바르게 되어 있는가?

2. 본심사

1) 시술 및 숙련도

① 시술 순서를 알맞게 진행하였나?

② 시술 과정이 능숙하게 작업되었는가?

2) 사전 준비 팁과 주의사항

① **시험 전** 마네킹에 **5~6mm의 속눈썹**을 양쪽 눈의 형태에 맞추어 붙인다.

② 8~12mm의 가모 준비 시 숫자 표식을 하지 않도록 한다.

③ 글루를 사용할 때 인증이 된 제품(**인증 마크 및 자가번호**)을 사용한다.

④ 시험 전 가모를 속눈썹판에 길이별 순서대로 정리하여 사전 준비한다(숫자 표식 금지).

⑤ **0.15mm 두께에** 8~12mm의 J컬 가모를 반드시 사용하도록 한다.

⑥ 시험 시작 전에 아이패치를 미리 마네킹에 부착하지 않도록 한다.

3) 속눈썹 익스텐션 시술 방법

① 인조 속눈썹에 최소 **40가닥 이상의 J컬 속눈썹** 가모를 연장한다.

② 알맞은 위치에 **아이패치**를 부착한다.

③ 속눈썹의 시작지점인 **모근에서 1~1.5mm를 띄어서 부착**한다.

④ **눈앞머리 부분 속눈썹의 2~3가닥은 연장하지 않는다.**

⑤ 속눈썹 한 올당 한 올씩 J컬의 규격에 맞는 속눈썹을 연장한다.

⑥ 인조 속눈썹을 연장한 자리 바로 옆의 속눈썹과 서로 엉겨 붙지 않도록 주의한다.

⑦ 속눈썹의 숱이 없어 보이지 않도록 하며, 전체적인 숱의 양이 고르게 분포되도록 한다.

⑧ 속눈썹은 중앙이 긴 부채꼴 형태로 작업한다.

⑨ 속눈썹이 옆으로 눕거나 속눈썹 끝이 꺾이지 않게 붙인다.

⑩ 글루의 건조를 위해 사용하는 **송풍기**는 시험 시 지참 또는 **사용을 금한다.**

4) 감점 사항

① 속눈썹이 40 가닥이 되지 않을 경우

② 마네킹에 5~6mm의 속눈썹을 사전에 부착해 놓지 않은 경우

③ 눈 앞부분의 시작지점으로부터 속눈썹 2~3가닥에 연장을 했을 경우

④ 속눈썹의 시작지점인 모근에서 1~1.5mm를 띄우지 않고 가모를 부착한 경우

⑤ 마네킹이나 이마 위 또는 시술자의 손등에 가모 등을 올려놓고 시술행위를 하는 경우

3. 속눈썹 익스텐션 **왼쪽**

1) 과제 준비물

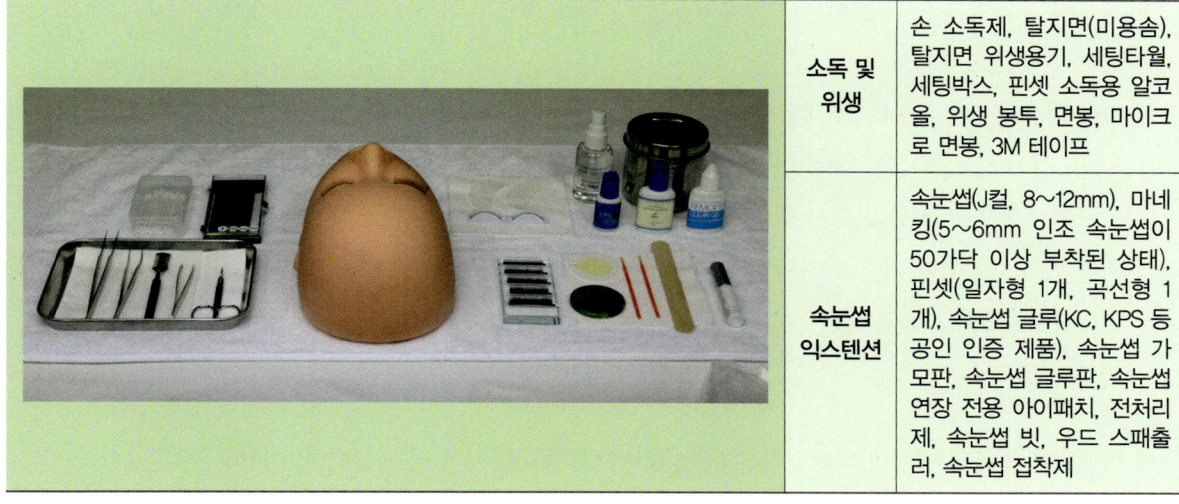

소독 및 위생	손 소독제, 탈지면(미용솜), 탈지면 위생용기, 세팅타월, 세팅박스, 핀셋 소독용 알코올, 위생 봉투, 면봉, 마이크로 면봉, 3M 테이프
속눈썹 익스텐션	속눈썹(J컬, 8~12mm), 마네킹(5~6mm 인조 속눈썹이 50가닥 이상 부착된 상태), 핀셋(일자형 1개, 곡선형 1개), 속눈썹 글루(KC, KPS 등 공인 인증 제품), 속눈썹 가모판, 속눈썹 글루판, 속눈썹 연장 전용 아이패치, 전처리제, 속눈썹 빗, 우드 스패출러, 속눈썹 접착제

▲ 왼쪽 - 시술 전

▲ 왼쪽 - 시술 후

2) 심사 내용

과제 유형	시험 시간	배점	소독	아이패치	전처리제	속눈썹 연장	완성도
속눈썹 익스텐션	25분	15점	3점	2점	2점	4점	4점

3) 요구 사항 및 수험자 유의 사항

[요구 사항]

① 5~6mm의 인조 속눈썹이 부착된 마네킹을 준비하시오.

② 과제를 수행하기 전 수험자의 손 및 도구류와 마네킹의 작업 부위를 시험 시작과 함께 소독과정을 수행한 후 적절한 위치에 아이패치를 부착하시오.

③ 일회용 도구를 사용하여 전처리제를 균일하게 도포하시오.

④ 연장하는 속눈썹은 J컬 타입으로 길이 8, 9, 10, 11, 12mm, 두께 0.15~0.2mm의 싱글모를 사용하시오.

⑤ 제시된 도면과 같이 전체적으로 중앙이 길어 보이는 라운드형(부채꼴 디자인)의 속눈썹 익스텐션(왼쪽)을 완성하시오.

⑥ 마네킹에 부착된 속눈썹 한 개당 하나의 속눈썹(J컬)만 연장하시오.

⑦ 5가지 길이(8, 9, 10, 11, 12mm)의 속눈썹(J컬)을 모두 사용하여 자연스러운 디자인이 되도록 완성하시오.

⑧ 모근에서 1~1.5mm를 반드시 떨어뜨려 부착하시오.

⑨ 왼쪽 인조 속눈썹에 최소 40가닥 이상의 속눈썹(J컬)을 연장하시오(단, 눈 앞머리 부분의 속눈썹 2~3가닥은 연장하지 마시오).

[수험자 유의 사항]

① 마네킹은 속눈썹 연장이 되어있지 않은 인조 속눈썹만 부착되어 있는 상태여야 한다.

② 핀셋 등의 도구류를 사용 전 소독제로 소독해야 한다.

③ 전처리제가 눈에 들어가지 않도록 나무 스패츌러를 속눈썹 아래에 받쳐서 작업하시오.

④ 속눈썹 연장용 아이패치 이외의 테이프류 및 인증이 되지 않은 글루는 사용할 수 없다.

⑤ 마네킹의 왼쪽 인조 속눈썹에만 작업하시오.

⑥ 작업 시 연장하는 속눈썹(J컬)을 신체 부위(손등, 이마 등)에 올려놓고 사용할 수 없다.

4) 시술 과정

[소독하기]

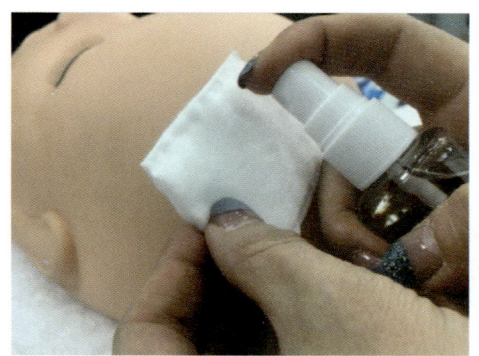

① 알코올을 솜에 도포하여 손 소독을 한다.

② 알코올 솜으로 철제 도구들을 소독한다.

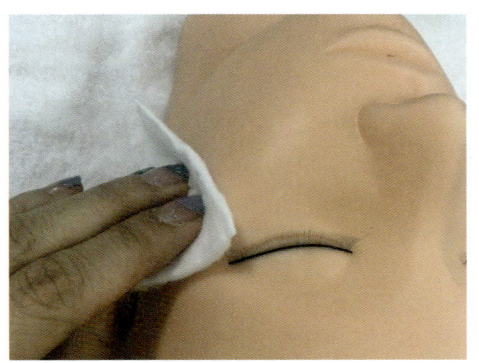

③ 마네킹의 시술 부위를 알코올 솜으로 닦아 준다.

[속눈썹 붙이기]

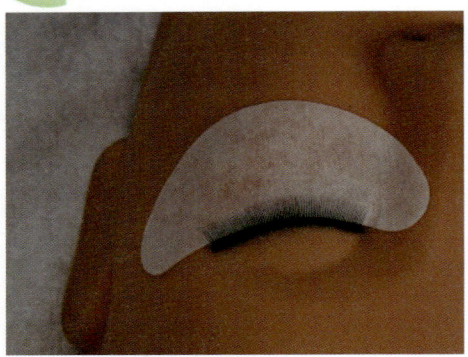

① 아이패치를 눈 라인에 맞추어 붙여 준다.

TIP
아이패치는 사전에 부착하지 않도록 하며, 울퉁불퉁하지 않고 팽팽하게 눈매에 맞추어 부착한다.

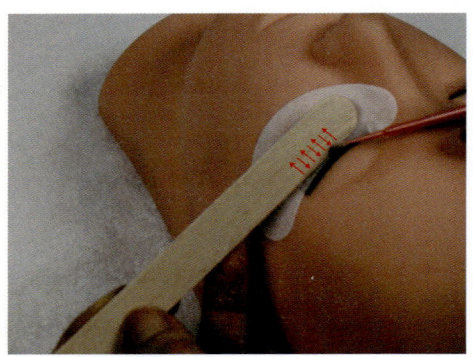

② 우드 스틱을 눈썹 아래에 대고 면봉 또는 마이크로 면봉을 사용하여 전처리제로 눈썹모에 고르게 바른다.

TIP 우드 스틱의 사용
- 우드 스패츌러(우드 스틱)은 사용 후 바로 투명 비닐에 폐기하여야 하며, 재사용할 수 없다.
- 우드 스틱은 눈썹 아래에 가로로 놓고, 전처리제를 도포한 면봉을 위에 놓고 눈썹 결 방향으로 쓸어내리듯 바른다.

③ 인증 글루를 글루판에 한두 방울 떨어뜨린다.

> **TIP** 글루의 사용
> - 글루를 사용 전에 흔들어 잘 섞어서 사용한다.
> - 글루는 인증 글루를 사용해야 하며 글루를 떨어뜨릴 때는 위에서 수직으로 1~2방울을 떨어뜨린다.

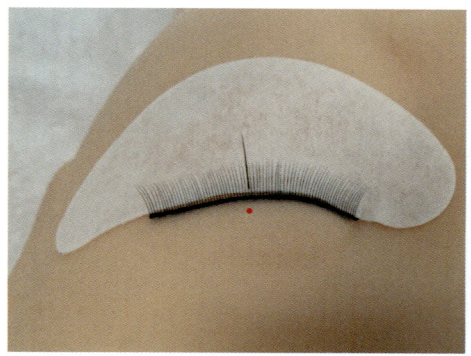
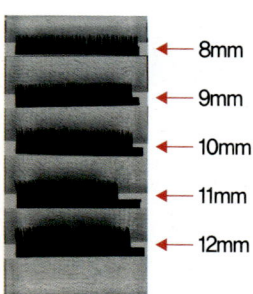

④ 속눈썹의 중앙 부분에 12mm 가모를 붙인다.

> **TIP** 글루의 사용
> - 아크릴판에 8~12mm의 가모를 나란히 부착하며, 가모의 길이 표식을 하지 않아야 한다.
> - 가모를 손등에 올려놓고 사용하지 않도록 한다.

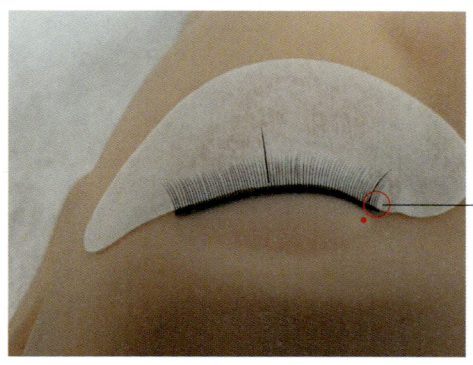

⑤ 속눈썹의 앞부분에 2~3 가닥을 띄운 후 8mm 가모를 붙인다.

눈 앞머리의 속눈썹 2~3가닥에는 붙이지 않음

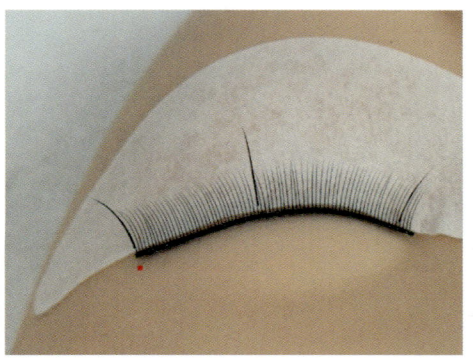

⑥ 속눈썹의 끝부분에 9mm 가모를 붙인다.

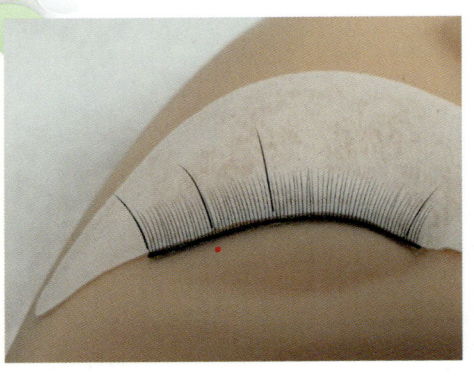

⑦ 눈 끝부분(9mm)과 중앙의 기준 부분(12mm) 사이 1/2 지점에 11mm 가모를 붙여 준다.

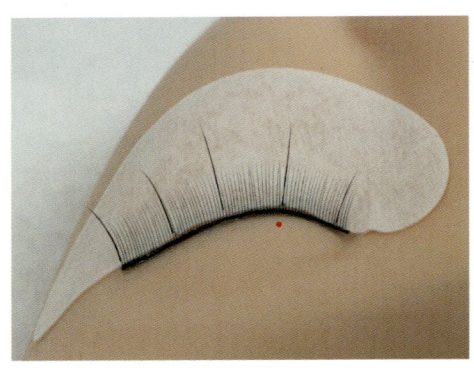

⑧ 앞부분(8mm)과 중앙의 기준 부분(12mm) 사이 1/2 지점에 10mm 가모를 붙여 준다.

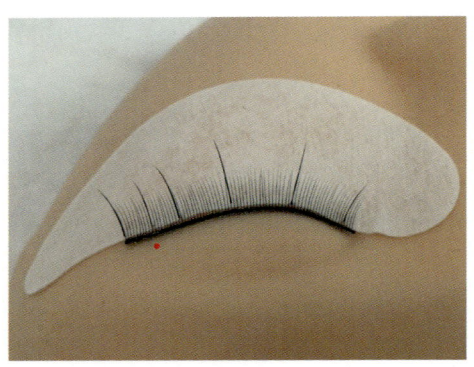

⑨ 눈 끝부분(9mm)과 11mm 부착 지점의 1/2 지점에 10mm 가모를 붙여 준다.

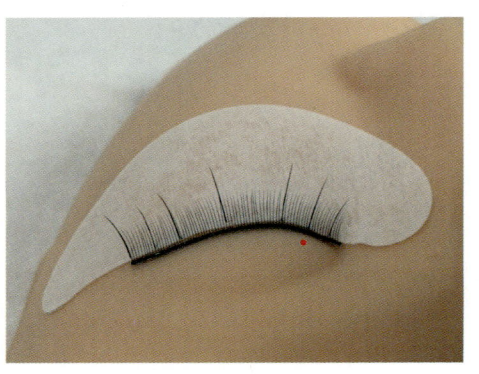

⑩ 앞부분(8mm)과 10mm 부착 지점의 1/2 지점에 9mm 가모를 붙여 준다.

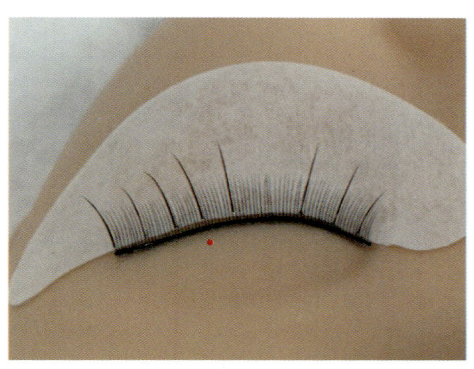

⑪ 뒷부분(10mm)과 12mm 부착 지점의 1/2 지점에 11mm 가모를 붙여 준다.

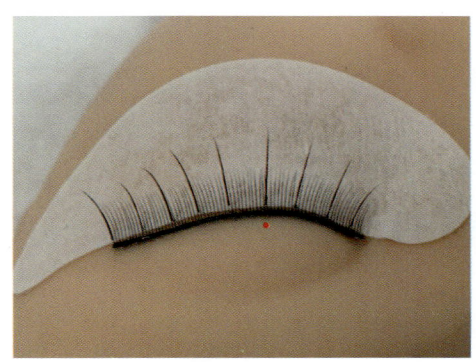

⑫ 중앙의 기준 부분(12mm)과 앞부분의 10mm 1/2 지점에 11mm 가모를 붙여 준다.

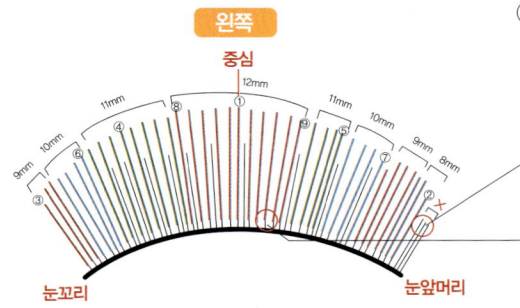

⑬ ①~⑨의 사이사이에 도안과 같이 각 길이의 가모를 붙여 준다.

- 앞머리의 2~3 가닥은 부착하지 않음
- 1~1.5mm를 모근에서 떨어뜨려 부착

⑭ 40 가닥 이상의 가모를 부착한 후에 속눈썹 브러시로 정리한다.

> **TIP** 가모 부착
>
>
>
> 구역별로 사이 앞부분부터 9(눈꼬리)→10→11→12(중심)→11→10→9→8(눈앞머리) 순으로 가모의 길이를 붙인다.
>
> ▲ 9(눈꼬리)→10→11→12(중심)→11→10→9→8(눈앞머리)

4. 속눈썹 익스텐션 오른쪽

1) 과제 준비물

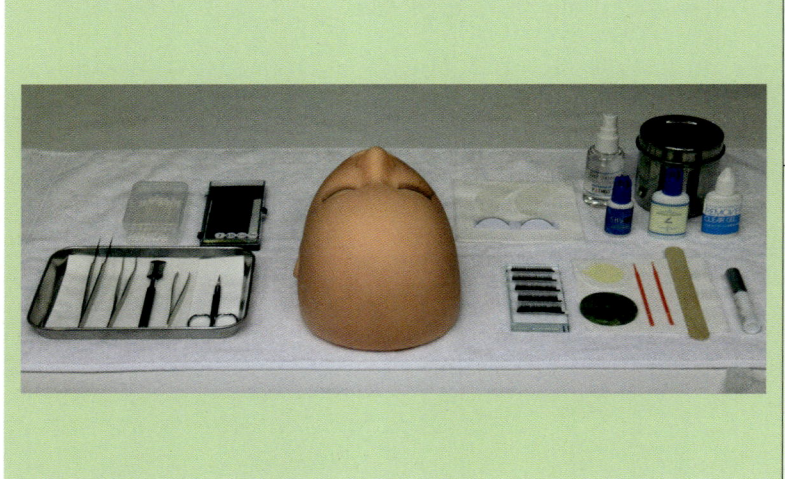

소독 및 위생	손 소독제, 탈지면(미용솜), 탈지면 위생용기, 세팅타월, 세팅박스, 핀셋 소독용 알코올, 위생 봉투, 면봉, 마이크로 면봉, 3M 테이프
속눈썹 익스텐션	속눈썹(J컬, 8~12mm), 마네킹(5~6mm 인조 속눈썹이 50가닥 이상 부착된 상태), 핀셋(일자형 1개, 곡선형 1개), 속눈썹 글루(KC, KPS 등 공인 인증 제품), 속눈썹 가모판, 속눈썹 글루판, 속눈썹 연장 전용 아이패치, 전처리제, 속눈썹 빗, 우드 스패츌러, 속눈썹 접착제

▲ 오른쪽 - 시술 전

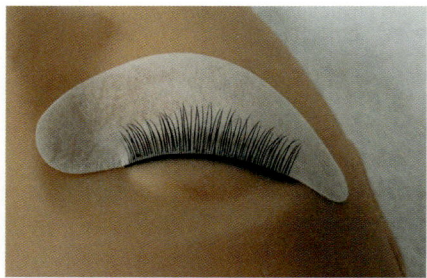

▲ 오른쪽 - 시술 후

2) 심사 내용

과제 유형	시험 시간	배점	소독	아이패치	전처리제	속눈썹 연장	완성도
속눈썹 익스텐션	25분	15점	3점	2점	2점	4점	4점

3) 요구 사항 및 수험자 유의 사항

[요구 사항]

① 5~6mm의 인조 속눈썹이 부착된 마네킹을 준비하시오.

② 과제를 수행하기 전 수험자의 손 및 도구류와 마네킹의 작업 부위를 소독한 후 적절한 위치에 아이패치를 부착하시오.

③ 일회용 도구를 사용하여 전처리제를 균일하게 도포하시오.

④ 연장하는 속눈썹은 J컬 타입으로 길이 8, 9, 10, 11, 12mm, 두께 0.15~0.2mm의 싱글모를 사용하시오.

⑤ 제시된 도면과 같이 전체적으로 중앙이 길어 보이는 라운드형(부채꼴 디자인)의 속눈썹 익스텐션(오른쪽)을 완성하시오.

⑥ 마네킹에 부착된 속눈썹 한 개당 하나의 속눈썹(J컬)만 연장하시오.

⑦ 5가지 길이(8, 9, 10, 11, 12mm)의 속눈썹(J컬)을 모두 사용하여 자연스러운 디자인이 되도록 완성하시오.

⑧ 모근에서 1~1.5mm를 반드시 떨어뜨려 부착하시오.

⑨ 오른쪽 인조 속눈썹에 최소 40 가닥 이상의 속눈썹(J컬)을 연장하시오(단, 눈앞머리 부분의 속눈썹 2~3 가닥은 연장하지 마시오).

[수험자 유의 사항]

① 마네킹은 속눈썹 연장이 되어있지 않은 인조 속눈썹만 부착되어 있는 상태여야 한다.

② 핀셋 등의 도구류를 사용 전 소독제로 소독해야 한다.

③ 전처리제가 눈에 들어가지 않도록 나무 스패출러를 속눈썹 아래에 받쳐서 작업하시오.

④ 속눈썹 연장용 아이패치 이외의 테이프류 및 인증이 되지 않은 글루는 사용할 수 없다.

⑤ 마네킹의 오른쪽 인조 속눈썹에만 작업하시오.

⑥ 작업 시 연장하는 속눈썹(J컬)을 신체 부위(손등, 이마 등)에 올려놓고 사용할 수 없다.

4) 시술과정

[소독하기]

① 알코올을 솜에 도포하여 손 소독을 한다.

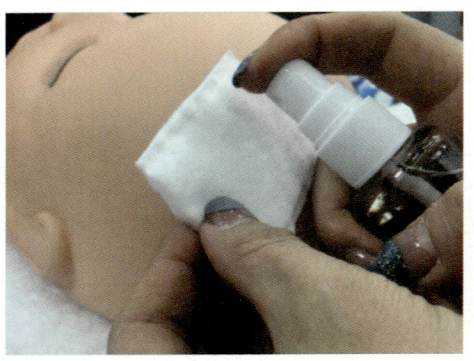

② 알코올 솜으로 철제 도구들을 소독한다.

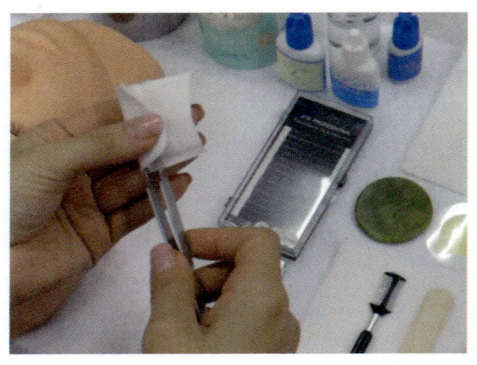

③ 마네킹의 시술 부위를 솜으로 닦아 준다.

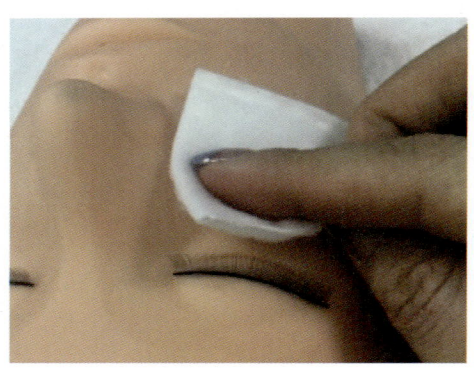

[속눈썹 붙이기]

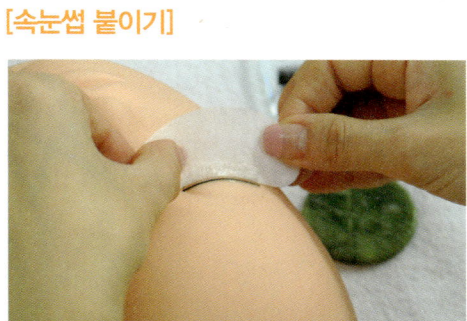

① 아이패치를 눈 라인에 맞추어 붙여 준다.

TIP
아이패치는 사전에 부착하지 않도록 하며, 울퉁불퉁하지 않고 팽팽하게 눈매에 맞추어 부착한다.

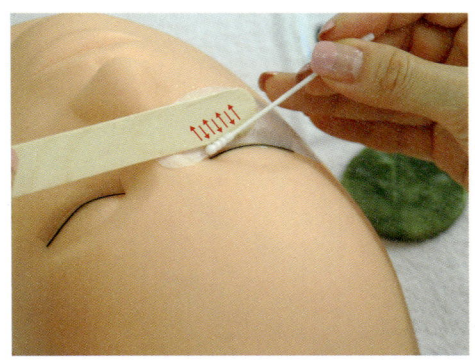

② 우드 스틱을 눈썹 아래에 대고 면봉을 사용하여 전처리제로 눈썹모에 고르게 바른다.

TIP 우드 스틱의 사용
- 우드 스패출러(우드 스틱)은 사용 후 바로 투명 비닐에 폐기하여야 하며, 재사용할 수 없다.
- 우드 스틱은 눈썹 아래에 가로로 놓고, 전처리제를 도포한 면봉을 위에 놓고 눈썹 결 방향으로 쓸어내리듯 바른다.

③ 인증 글루를 글루판에 한두 방울 떨어뜨린다.

| TIP | 글루의 사용 |

- 글루를 사용 전에 흔들어 잘 섞어서 사용한다.
- 글루는 인증 글루를 사용해야 하며 글루를 떨어뜨릴 때는 위에서 수직으로 1~2방울을 떨어뜨린다.

④ 속눈썹의 중앙 부분에 12mm 가모를 붙인다.

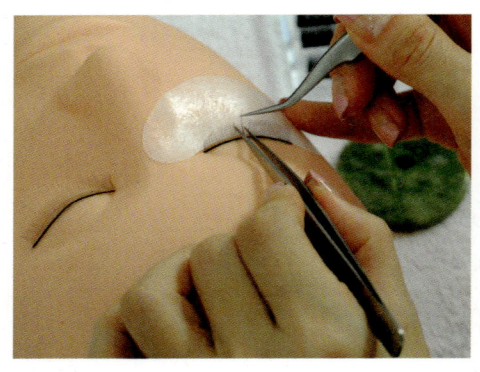
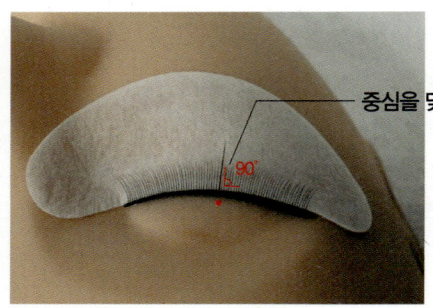

중심을 맞추어 90°로 각도를 잡음

⑤ 속눈썹의 앞부분에 2~3 가닥을 띄운 후 8mm 가모를 붙인다.

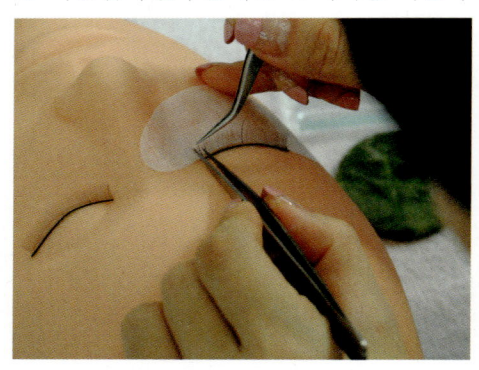
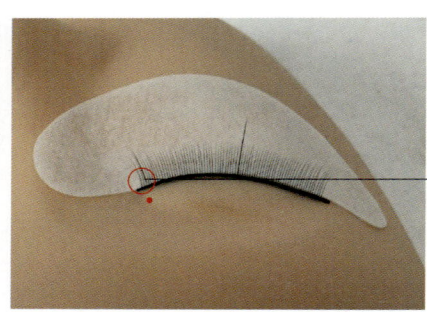

앞머리의 2~3 가닥에는 붙이지 않음

⑥ 속눈썹의 끝부분에 9mm 가모를 붙인다.

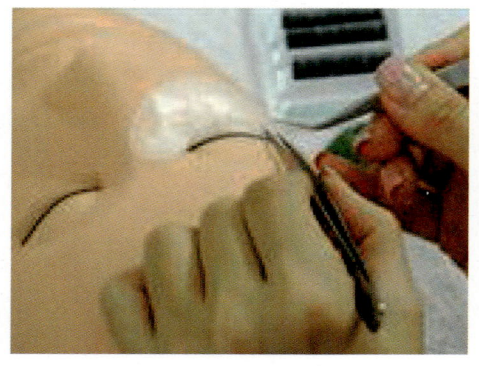
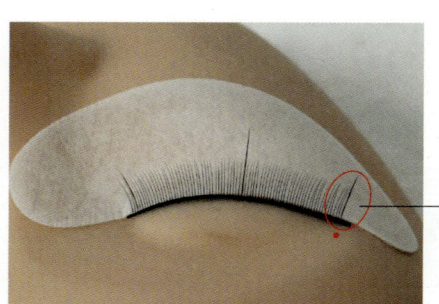

마지막 가닥에 부착

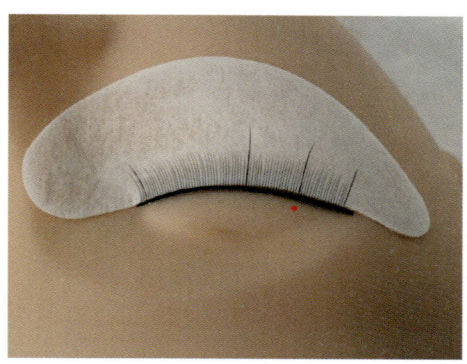

⑦ 눈 끝부분(9mm)과 중앙의 기준 부분(12mm) 사이 1/2 지점에 11mm 가모를 붙여 준다.

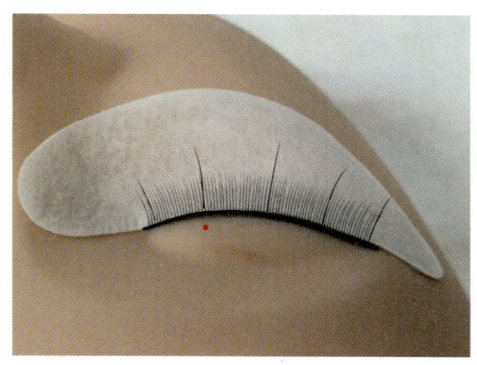

⑧ 앞부분(8mm)과 중앙의 기준 부분(12mm) 사이 1/2 지점에 10mm 가모를 붙여 준다.

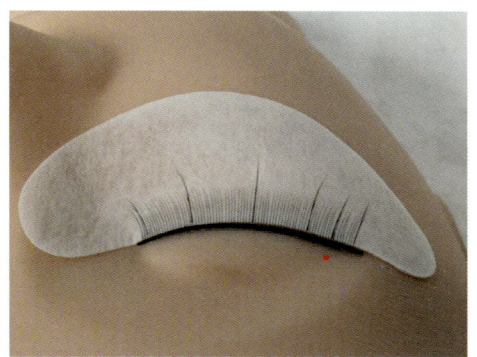

⑨ 눈 끝부분(9mm)과 11mm 부착 지점의 1/2 지점에 10mm 가모를 붙여 준다.

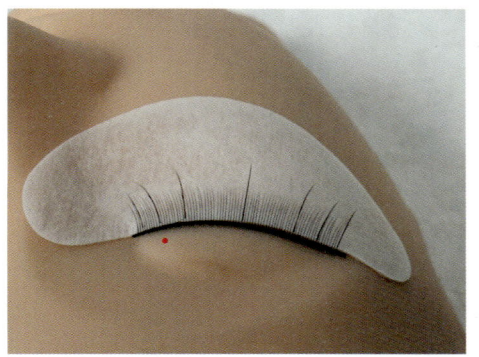

⑩ 앞부분(8mm)과 10mm 부착 지점의 1/2 지점에 9mm 가모를 붙여 준다.

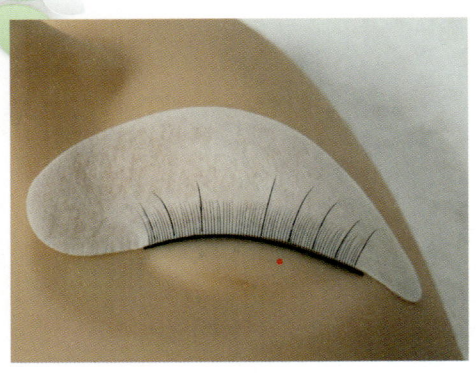

⑪ 뒷부분(10mm)과 12mm 부착 지점의 1/2 지점에 11mm 가모를 붙여 준다.

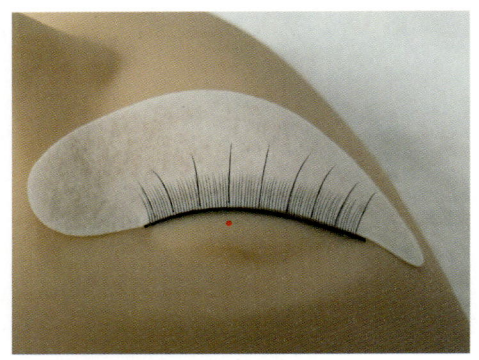

⑫ 중앙의 기준 부분(12mm)과 앞부분의 10mm 1/2 지점에 11mm 가모를 붙여 준다.

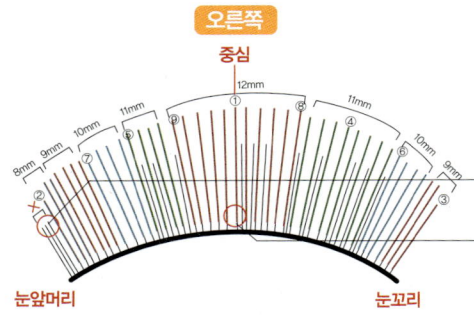

⑬ ①~⑨의 사이사이에 도안과 같이 각 길이의 가모를 붙여 준다.

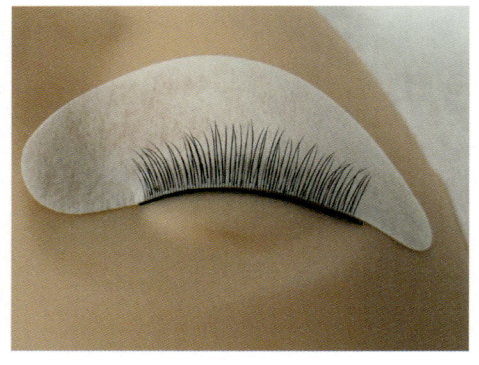

⑭ 40 가닥 이상의 가모를 부착한 후에 속눈썹 브러시로 정리한다.

> **TIP** 가모 부착
>
>
>
> 구역별로 사이 앞부분부터 8(눈앞머리) → 9 → 10 → 11 → 12(중심) → 11 → 10 → 9(눈꼬리) 순으로 가모의 길이를 붙인다.
>
> ▲ 8(눈앞머리) → 9 → 10 → 11 → 12(중심) → 11 → 10 → 9(눈꼬리)

[마무리]

종료 시간 1~2분 전 수행 과제 체크 및 사용 도구 정리 후 무릎에 손을 올리고 바른 자세로 대기한다.

01 속눈썹 익스텐션

1. 사전 심사

1) 재료 준비 사항
① 본 과제에 필요한 재료 목록에 알맞게 모두 준비되어 있는가?
② 본 과제에 불필요한 도구 및 재료가 세팅되어 있지 않는가?
③ 작업대 위에 재료 및 도구들이 위생적으로 잘 정리되어 있는가?
④ 사전에 미리 작업을 해 오거나 재료나 도구 등에 구별을 위한 표식이 있지는 않는가?
⑤ 사전 마네킹 준비가 올바르게 되어 있는가?

2) 수험자의 복장
① 수험자는 각 규정에 맞는 복장을 올바르게 착용하고 있는가?
② 수험자는 시험 전 사전 준비 상태가 올바르게 되어 있는가?

2. 본심사

1) 시술 및 숙련도
① 시술 순서를 알맞게 진행하였나?
② 시술 과정이 능숙하게 작업되었는가?

3. 과제 준비물

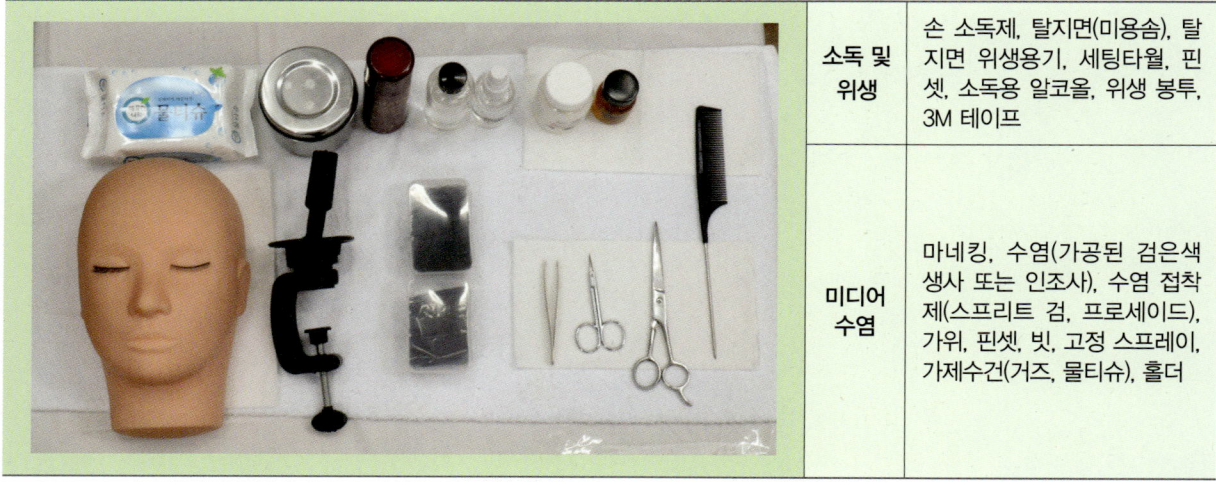

소독 및 위생	손 소독제, 탈지면(미용솜), 탈지면 위생용기, 세팅타월, 핀셋, 소독용 알코올, 위생 봉투, 3M 테이프
미디어 수염	마네킹, 수염(가공된 검은색 생사 또는 인조사), 수염 접착제(스프리트 검, 프로세이드), 가위, 핀셋, 빗, 고정 스프레이, 가제수건(거즈, 물티슈), 홀더

4. 작업 과정

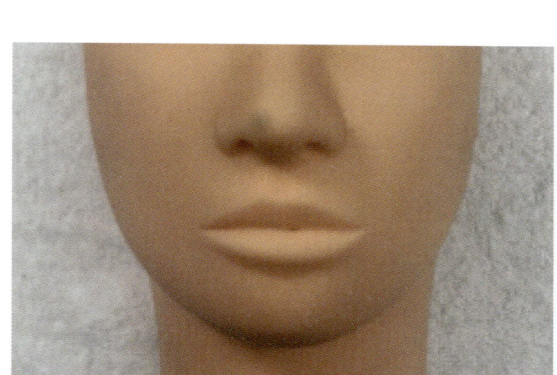
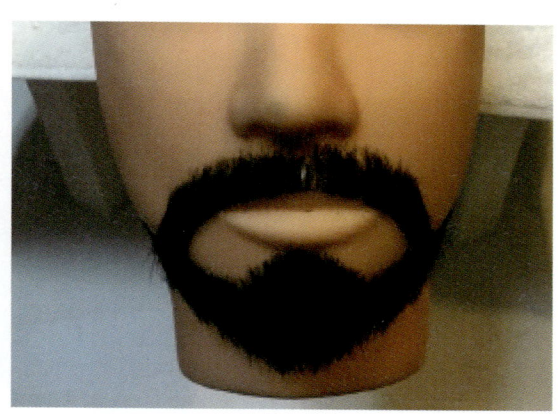

1) 심사 내용

과제 유형	시험 시간	배점	소독	턱수염	콧수염	완성도
미디어 수염	25분	15점	3점	4점	4점	4점

2) 요구 사항 및 수험자 유의 사항

[요구 사항]

① 제시된 도면을 참고하여 현대적인 남성 스타일을 연출하시오(단, 완성된 수염의 길이는 마네킹의 턱 밑 1~2cm 정도로 작업한다).

② 과제를 수행하기 전 수험자의 손 및 도구류와 마네킹의 작업 부위를 소독하시오.

③ 수염 접착제(스프리트 검)를 균일하게 도포하여 마네킹의 좌우 균형, 위치, 형태를 주의하면서 사전에 가공된 상태의 수염을 붙이시오.

④ 수염의 양과 길이 및 형태는 도면과 같이 **콧수염과 턱수염**을 모두 완성하시오.

⑤ 빗과 핀셋으로 붙인 수염을 다듬은 후 고정 스프레이와 라텍스 등을 이용하여 스타일링하시오.

[수험자 유의 사항]

① 마네킹에는 지정된 재료 및 도구 이외에는 사용할 수 없다.

② 수염은 사전에 가공된 상태로 준비해야 한다.

③ 핀셋, 가위 등의 도구류를 사용 전 소독제로 소독해야 한다.

3) 시술 과정

[소독하기]

① 알코올을 솜에 묻혀 손과 철제도구를 소독한다.

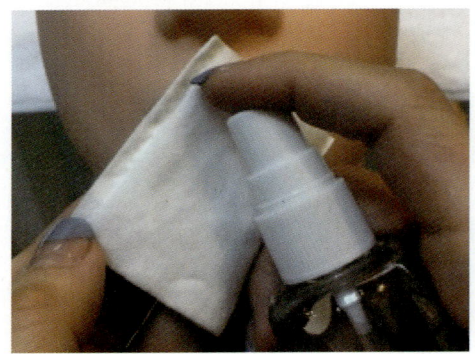

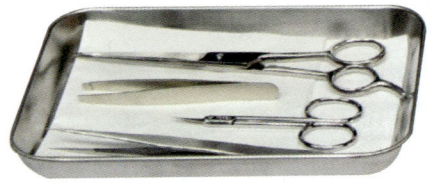

② 마네킹의 시술 부위를 솜으로 닦아 준다.

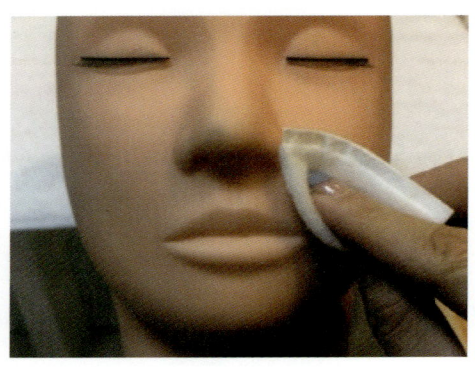

[턱수염 붙이기]

① 아래턱 중앙 부위에 스프리트 검(프로세이드)을 바른다.

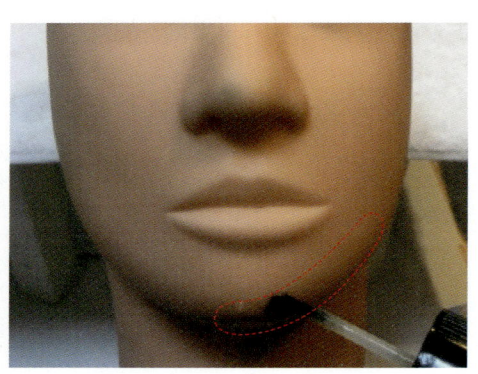

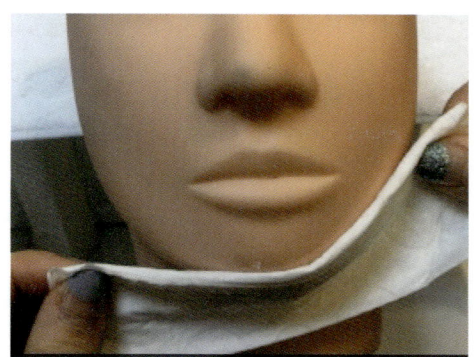

② 젖은 거즈 또는 물티슈로 턱수염의 접착제를 바른 부분 위에 살짝 찍어 주듯 눌러 준다.

> **TIP**
> - 거즈와 물티슈는 젖은 상태로 사용해야 하며 접착력을 조절하기 위해 사용 시 상황에 맞게 사용한다.
> - 거즈와 물티슈는 번들거리는 유광을 잡아주기 위해 사용하며 접착력을 높여 주는 역할을 한다.
> - 접착제는 도포 후 1~2분 정도 방치 후에 부착하여야 접착력을 높일 수 있다.

③ 아래턱을 중심으로 시작하여 수염을 붙인다.

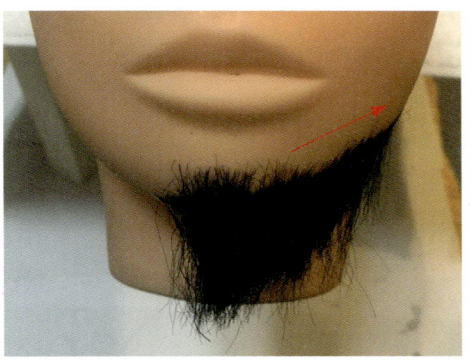

④ 오른쪽 아래턱부터 시작하여 수염을 붙인다.

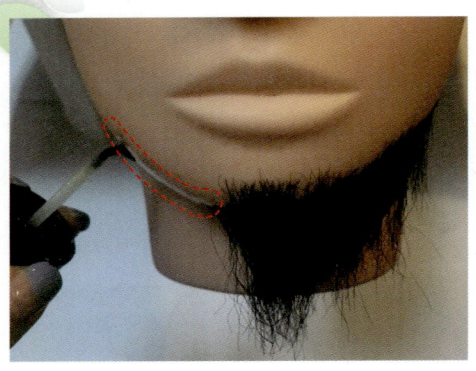

⑤ 왼쪽 아래턱 부분에 스프리트 검 또는 프로세이드를 바른다.

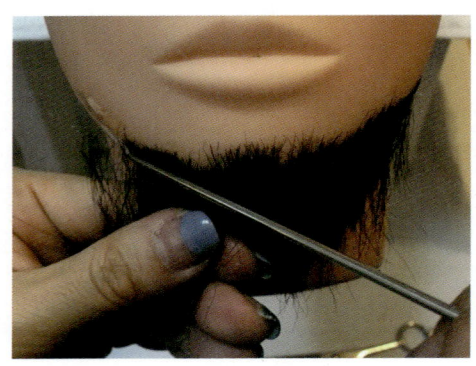

⑥ 왼쪽 아래턱의 수염을 붙인다.

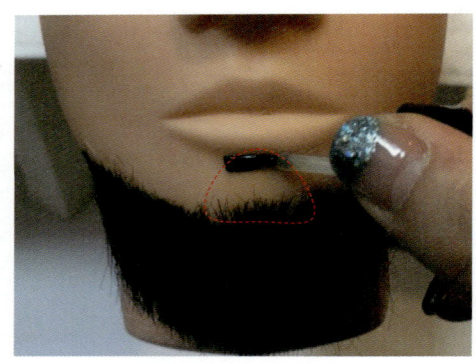

⑦ 중앙 부위에 스프리트 검을 붙인다.

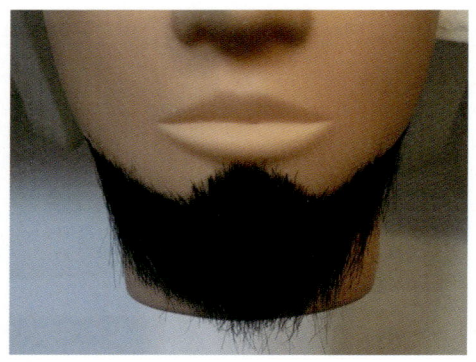

⑧ 중앙 부위에 수염을 붙인다. 양쪽 대칭을 맞추도록 하며 중앙 부위의 수염은 적은 양을 잡아 부착한다.

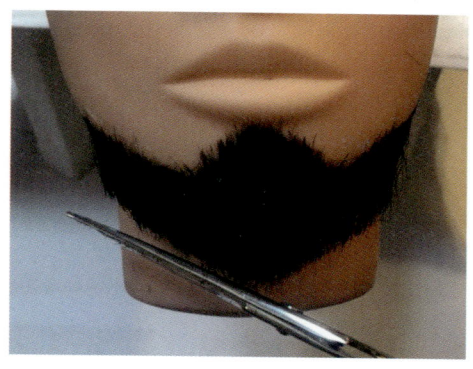

⑨ 수염의 길이를 커트 가위로 자른다. 턱수염의 길이는 1~2cm로 잘라 다듬어 주도록 하며 빗으로 빗어 주면서 숱을 정리한 후 가위로 커트한다.

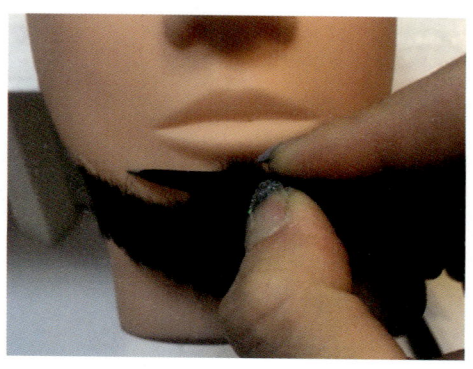

⑩ 핀셋으로 정리하여 준다.

> **TIP** 접착제(스프리트 검 또는 프로세이드) 사용 시 주의할 점
>
> - 접착제를 바를 때는 두껍지 않게 고르게 발라 주어야 하며, 수염을 부착할 부위에서 너무 멀리 벗어나지 않도록 바른다.
> - 접착제를 바르고 약 1분 정도 지난 후 수염을 부착해 주는 것이 좋다.
> - 접착제를 같은 부위에 여러 번 덧바르지 않도록 한다.
> - 접착제를 바른 부위에 광택이 남아 있는 경우 젖은 거즈나 물티슈로 살짝 눌러 주면 광택을 줄일 수 있다.

[콧수염 붙이기]

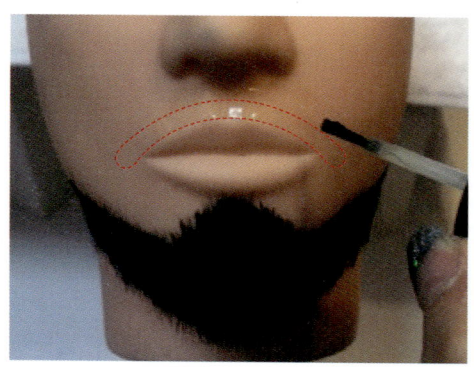

① 콧수염 부위에 스프리트 검을 바른다.

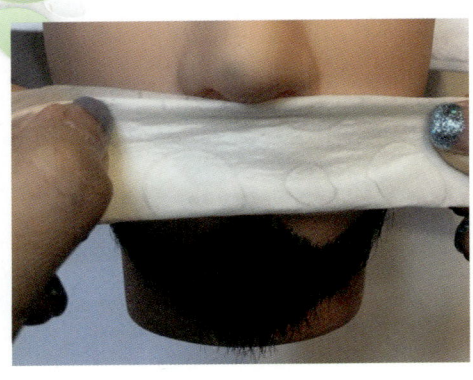

② 물티슈나 젖은 거즈로 접착제를 바른 부분을 살짝 눌러 준다.

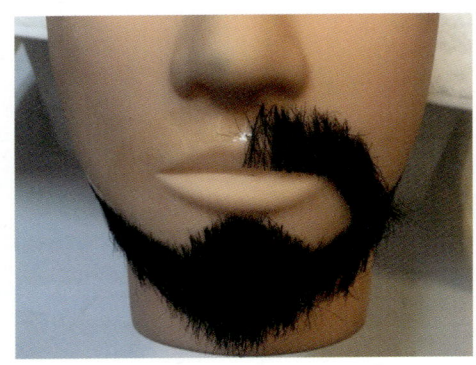

③ 오른쪽부터 코 중앙으로 콧수염을 붙인다.

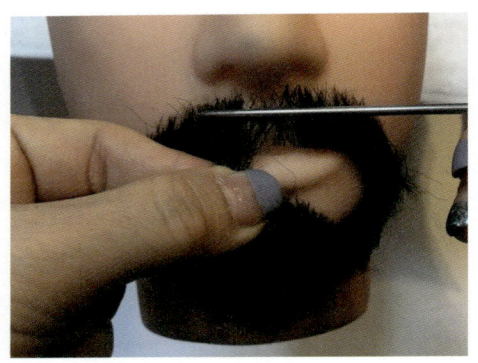

④ 왼쪽 콧수염을 붙인다.

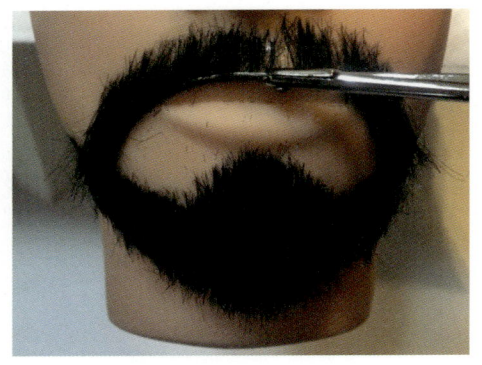

⑤ 콧수염 길이를 가위로 정리한다.

⑥ 핀셋으로 콧수염의 숱을 정리한다.

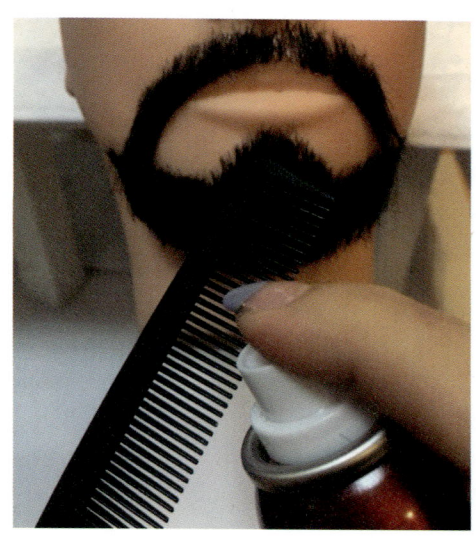

⑦ 고정 스프레이나 라텍스를 꼬리빗에 소량 바른다.

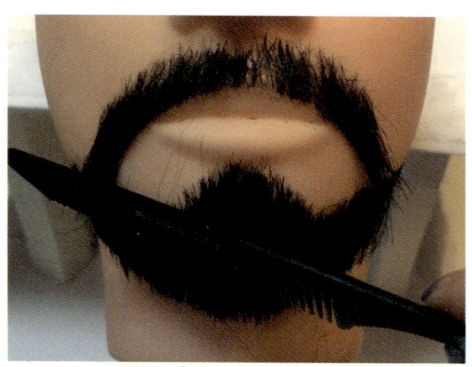

⑧ 빗으로 수염 형태를 고정한다.

TIP 수염의 사용

- 수염모는 검은색 생사로 준비하여야 하며, 3~4cm로 가공하여 뚜껑이 있는 케이스에 담아 준비하여 사용하도록 한다.
- 가공이 안 된 생사를 그대로 사용하지 않도록 하며 부드럽게 비벼서 가지런히 정리하여 사용하도록 한다.
- 흰색 모를 사용하거나 긴 생사 상태 그대로 시험장에 가져가지 않도록 한다.

[완성]

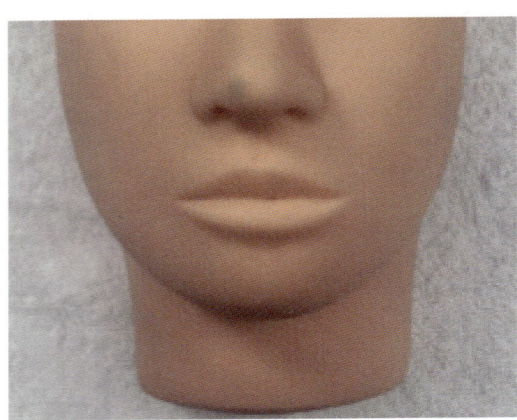

▲ 작업 전

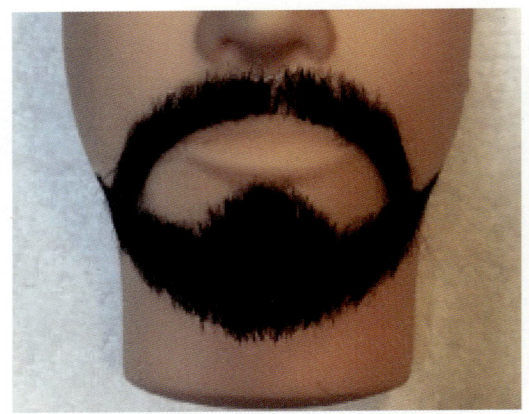

▲ 작업 후

[마무리]

종료 시간 1~2분 전 수행 과제 체크 및 사용 도구 정리 후 무릎에 손을 올리고 바른 자세로 대기한다.

부록

과제별 핵심 키포인트

특별부록

과제별 핵심 키포인트 정리

1 뷰티 메이크업

(1) 1과제 뷰티 메이크업 컬러표 구분

	베이스	눈썹	아이섀도	아이라인	볼	입술
웨딩(로맨틱)	●	●	● ●	●	●	●
웨딩(클래식)	●	●	● ● ●	●	●	●
한복	●	●	● ● ●	●	●	●
내추럴	●	●	● ●	●	●	●

(2) 1과제 주요 핵심 포인트

시간 배분		웨딩(로맨틱)	웨딩(클래식)	한복	내추럴
소요시간		40분			
소독		2분			
메이크업 베이스	6분	피부 톤에 맞는 색으로 도포하기			
파운데이션		한 톤 밝게 표현	매트하게 표현	한 톤 밝게 표현	리퀴드 파운데이션 (자연스럽게)
컨실러		적용함	적용함	적용함	적용함
섀딩 & 하이라이트		적용함	적용함	적용함	
파우더		베이지 파우더	베이지 파우더	베이지 파우더	투명 파우더

눈썹	5분	• 둥근 형태 • 브라운색	• 각진 눈썹 • 흑갈색	• 둥글고 두껍지 않게 • 흑갈색	• 눈썹 결을 살려서 자연스럽게 • 브라운
아이섀도	10분	• (펄)연핑크 • 연보라	• 피치 • 브라운 • 골드펄(앞머리)	• 펄피치 • 브라운	• 베이지 • 브라운
언더섀도		1/2~1/3까지 연보라색 연결	• 1/2~1/3까지 브라운색 연결 • 앞부분 골드펄	애교살 표현 (밝은 크림색)	• 1/2~1/3까지 베이지 • 브라운색 연결
아이라인		• 검은색 • 속눈썹 사이 메우고 라인 그리기	• 검은색 • 속눈썹 사이 메우고 꼬리 길게 빼기	• 검은색 • 속눈썹 사이 메우고 꼬리 길게 빼기	• 브라운색 섀도 또는 펜슬 • 속눈썹 사이 메우기
속눈썹 컬링(뷰러)	8분	적용함	적용함	적용함	적용함
인조 속눈썹		중간이 긴 형태	끝이 긴 형태	중간이 긴 형태	적용 안 함
마스카라		적용함	적용함	적용함	적용함
치크	7분	• 애플존 위치 • 둥글게 • 핑크색	• 광대뼈 밖 → 안쪽으로 표현 • 피치색	• 광대뼈 위쪽 안쪽 → 밖으로 표현 • 오렌지색	• 광대뼈 밖 → 안쪽으로 표현 • 피치색
입술		• 핑크색 • 진하게(안) → 연하게(밖) 그러데이션	• 베이지 핑크 • 립라인 선명하게	• 오렌지 레드색 • 립라인 선명하게	• 베이지 핑크 • 자연스럽게
정리 및 마무리	2분	• 도구 정리 • 메이크업 점검	• 도구 정리 • 메이크업 점검	• 도구 정리 • 메이크업 점검	• 도구 정리 • 메이크업 점검

❷ 시대 메이크업

(1) 2과제 시대 메이크업 컬러표 구분

	베이스	눈썹	아이섀도	아이라인	볼	입술
그레타 가르보	●	●	● ●	●	● ●	●
마를린 먼로	●	●	● ● ● ●	●	●	●
트위기	●	●	● ● ● ●	●	● ●	●
펑크	●	●	● ● ●	●	●	● ●

(2) 2과제 주요 핵심 포인트

	시간 배분	그레타 가르보	마를린 먼로	트위기	펑크
소요시간		40분			
소독		2분			
메이크업 베이스	8분	피부 톤에 맞게			
파운데이션		눈썹 커버	핑크 파운데이션	피부 톤에 맞게	피부 톤보다 밝은색의 파운데이션
		매트하게 표현			
컨실러		적용함	적용함	적용함	적용함
섀딩 & 하이라이트		적용함	적용함	적용함	적용함
파우더		베이지 파우더	핑크 파우더	투명 파우더	투명 파우더
눈썹	5분	• 가늘고 긴 아치형 • 흑갈색	• 각진 눈썹 • 브라운색	• 각진 눈썹 • 브라운색	• 눈썹 결을 살려서 • 검은색으로 진하게
아이섀도	8분	• 흰색-아이보리-브라운 • 아이홀	• 흰색-핑크-브라운색 • 아이홀	• 화이트-핑크-그레이-네이비 • 홀이 선명한 아이홀	• 화이트-다크 그레이-블랙 • 아이홀
언더섀도		1/2~1/3까지 브라운색 연결	1/2~1/3까지 브라운색 연결	그레이-네이비 연결	1/2~1/3까지 다크 그레이-블랙 연결
아이라인		• 검은색 • 속눈썹 사이 메우고 라인 길게 그리기	• 검은색 • 속눈썹 사이 메우고 꼬리 길게 빼기	• 검은색 • 속눈썹 사이 메우고 꼬리 아래로 빼기	• 상향형의 블랙 라인 • 홀 라인 위로 3개의 라인 그리기
속눈썹 컬링(뷰러)	8분	적용함	적용함	적용함	적용함
인조 속눈썹		중간이 긴 형태	끝이 긴 형태	• 뾰족함 • 속눈썹 언더 부분에 가닥눈썹 부착	진하고 끝이 긴 형태
마스카라		적용함	적용함	적용함	적용함
치크	7분	• 광대뼈 아래쪽을 강하게 표현 • 브라운색 핑크톤	• 핑크색 • 광대뼈 아래쪽에서 구각쪽 사선 방향	• 핑크와 라이트 브라운 • 애플존 위치 • 둥근 느낌	• 레드 브라운 • 얼굴 앞쪽 사선 방향
입술		• 레드 브라운 • 인커브의 형태	• 레드 브라운 • 광택있게	• 베이지 핑크 • 자연스럽게	• 검붉은색(버건디) • 입술산이 각진 형태
정리 및 마무리	2분	• 도구 정리 • 메이크업 점검	• 점 찍기 • 도구 정리 • 메이크업 점검	• 도구 정리 • 메이크업 점검	• 도구 정리 • 메이크업 점검

3 캐릭터 메이크업

(1) 3과제 캐릭터 메이크업 컬러표 구분

	베이스	눈썹	아이섀도	아이라인	볼	입술
레오파드	●		🟡 🟠 🟤	●		●
한국무용	●	● ●	⚪ ● ●	●	●	●
무용발레	●	● ●	⚪ ● ● ●	●	●	● ●
노인(추면)	●	●	● ● ●			●

(2) 3과제 주요 핵심 포인트

	시간배분	레오파드	한국무용	무용발레	노인(추면)
소요시간		50분			
소독		2분			
메이크업 베이스		피부 톤에 맞는 색으로 도포하기			
파운데이션		한 톤 밝게 표현	한 톤 밝게 표현	한 톤 밝게 표현	한 톤 어둡게 표현
컨실러	6분	적용함	적용함	적용함	
섀딩&하이라이트		적용함	적용함	적용함	적용함
파우더		투명 파우더	• 핑크 파우더 • 매트하게	• 핑크 파우더 • 매트하게	베이지 파우더
눈썹	5분	〈캐릭터 디자인〉 옐로-오렌지-브라운 그러데이션	• 둥근 눈썹 • 흑갈색에서 블랙으로	• 아치형 • 흑갈색에서 블랙으로	회갈색으로 연하게
아이섀도	20분		• 연핑크색 • 마젠타색	• 핑크-퍼플-아쿠아블루-화이트 • 아이홀 • 앞머리 트임	베이지-브라운으로 주름 표현 및 골격 표현
언더섀도			1/2~1/3까지 연핑크 /마젠타색 연결	아쿠아 블루 컬러로 언더 라인 밑 라이너로 덧그리기	
아이라인		• 검은색 • 속눈썹 사이 메우고 앞머리 트임 라인 그리기	• 검은색 • 속눈썹 사이 메우고 꼬리 길게 빼기(상향형)	• 검은색 • 꼬리 길게 빼기 • 앞머리 트임	

속눈썹 컬링(뷰러)	8분	적용함	적용함	적용함	적용 안 함
인조 속눈썹		적용함	적용함	적용함	적용 안 함
마스카라		적용함	적용함	적용함	적용 안 함
치크	7분		• 광대뼈 감싸듯 • 핑크색	• 광대뼈 감싸듯 • 핑크색	
입술		• 버건디 레드색 • 인커브 형태	• 레드 립라인 • 핑크 레드색 블렌딩	• 로즈색 립라인 • 핑크색 블렌딩	내추럴 베이지
정리 및 마무리	2분	• 도구 정리 • 메이크업 점검	• 귀밑머리 • 도구 정리 • 메이크업 점검	• 도구 정리 • 메이크업 점검	• 도구 정리 • 메이크업 점검

퍼펙트 미용사
메이크업 실기시험문제

발 행 일	2026년 1월 10일 개정6판 1쇄 인쇄
	2026년 1월 20일 개정6판 1쇄 발행
저 자	김리나
발 행 처	 크라운출판사 http://www.crownbook.com
발 행 인	李尙原
신고번호	제 300-2007-143호
주 소	서울시 종로구 율곡로13길 21
공 급 처	(02) 765-4787, 1566-5937
전 화	(02) 745-0311~3
팩 스	(02) 743-2688, 02) 741-3231
홈페이지	www.crownbook.co.kr
ISBN	978-89-406-4960-2 / 13590

저자협의
인지생략

특별판매정가 27,000원

이 도서의 판권은 크라운출판사에 있으며, 수록된 내용은
무단으로 복제, 변형하여 사용할 수 없습니다.
Copyright CROWN, ⓒ 2026 Printed in Korea

이 도서의 문의를 편집부(02-6430-7007)로 연락주시면
친절하게 응답해 드립니다.